マンガde

電力応用

高橋達央［著］ Takahashi Tatsuo

電気書院

前　書　き

電気を使わない日常は考えられません。

一日２４時間、電気との関わりの中で、私たちは生活しているのです。

テレビや洗濯機などの家電製品に限らず、電車やエレベーターや、様々な機械製品が電気を動力源として駆動しています。

そして、電気のおかげで産業は発達し、私たちの健康を守る医学も発達してきました。

本書では、そうした電気の応用について、わかりやすくご紹介いたします。

全編がマンガ仕立てとなっております。基本的な内容に限定し、よりわかりやすく、しかも短時間で理解できるように構成いたしました。

とくに、身近なテーマとして、照明、電熱、自動制御、電気化学、電気鉄道を取り上げております。

照明については、白熱電球や水銀灯など、一般的な照明について触れてあります。

ところで、白熱電球はとうとうその役割を終え、生産が終了しつつあります。しかし、照明学習の基本となるのでご紹介いたしました。

水銀灯は、体育館などの照明に使われております。

また、電熱については、抵抗加熱やアーク加熱などについて書いてあります。さらに、電気溶接についても触れてあります。

自動制御については、フィードバックやシーケンスなどの基礎をわかりやすくご紹介しました。さらに、応用として産業用ロボットについても触れてあります。マンガなどに出てくるロボットとは異なり、人間の姿はしていませんが、日本の経済を支える重要な働きを担っています。

電気化学では電池などについて触れてあります。

私たちが日常使っている電池の種類や構造などについて書きました。

前書き

また、電気メッキについても触れてあります。

電気鉄道については、電線路や電車線について紹介しました。日常の交通機関として日々利用している電車ですが、その仕組みについてはあまりよく知られておりません。これを機会に、電車について学んでください。

また、本書は、工業高校の授業内容に即して構成してあります。
したがって、授業の副読本としても最適かと思います。
しかも、短時間で読めますので、電気応用の概要を理解するには十分でしょう。

産業の発達は電気と共にあります。それは、これから先も変わらないでしょう。
電気は、人生の伴侶のようなものです。
そして、パートナーをよく知ることは、様々な利点を生む切っ掛けにもなります。
本書を一読されたあなたが、電力応用を理解し、新たな発展のための契機と成らんことを願っております。

２０１０年10月吉日

高橋 達央

目次

第一章　照明

第二章　電熱

★登場人物

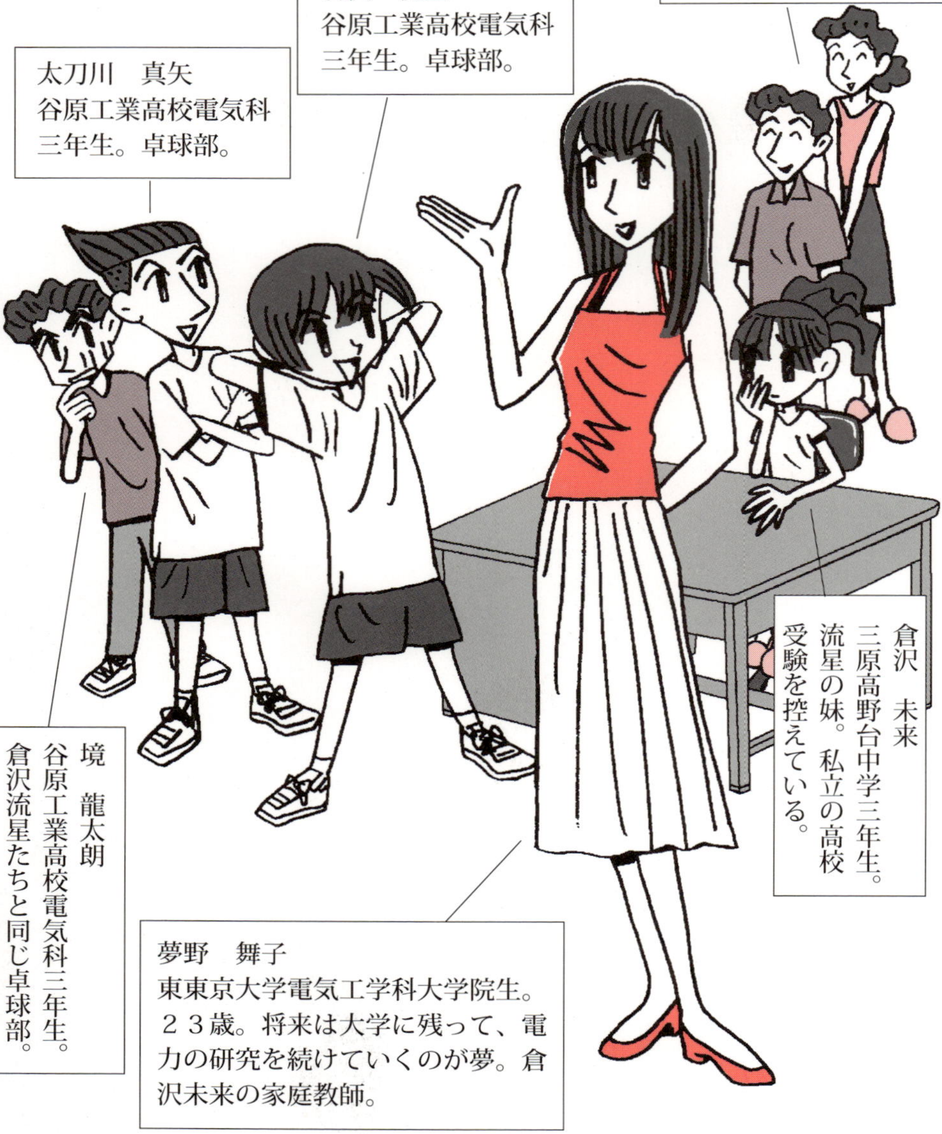
倉沢　哲夫
流星の父。カシキ化学工業勤務。４８歳。
倉沢　京子
流星と未来の母親。４３歳。
倉沢　流星
谷原工業高校電気科三年生。卓球部。
太刀川　真矢
谷原工業高校電気科三年生。卓球部。
倉沢　未来
三原高野台中学三年生。
流星の妹。私立の高校受験を控えている。
境　龍太朗
谷原工業高校電気科三年生。
倉沢流星たちと同じ卓球部。
夢野　舞子
東東京大学電気工学科大学院生。２３歳。将来は大学に残って、電力の研究を続けていくのが夢。倉沢未来の家庭教師。

第一章　照　明

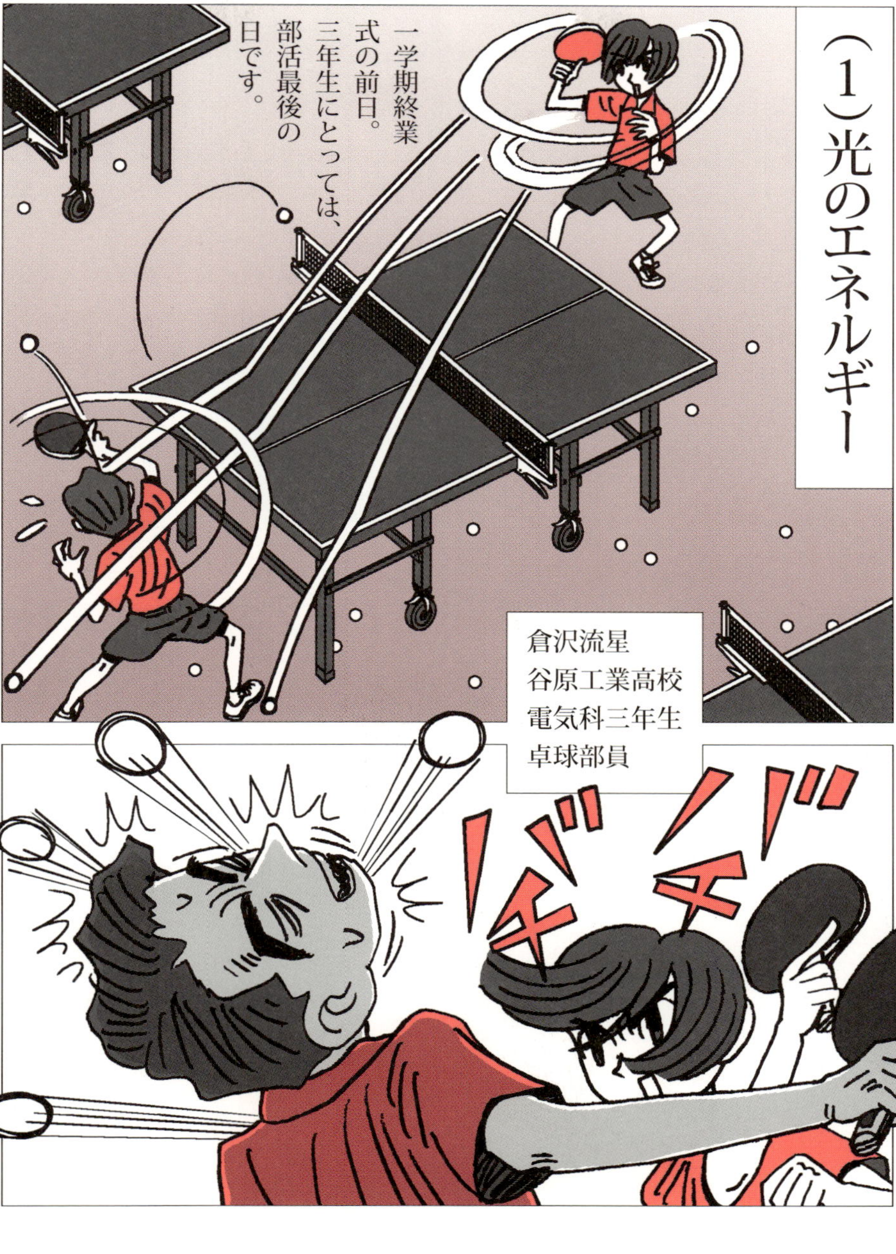
（1）光のエネルギー
一学期終業式の前日。三年生にとっては、部活最後の日です。
倉沢流星
谷原工業高校
電気科三年生
卓球部員
バチ
バチ

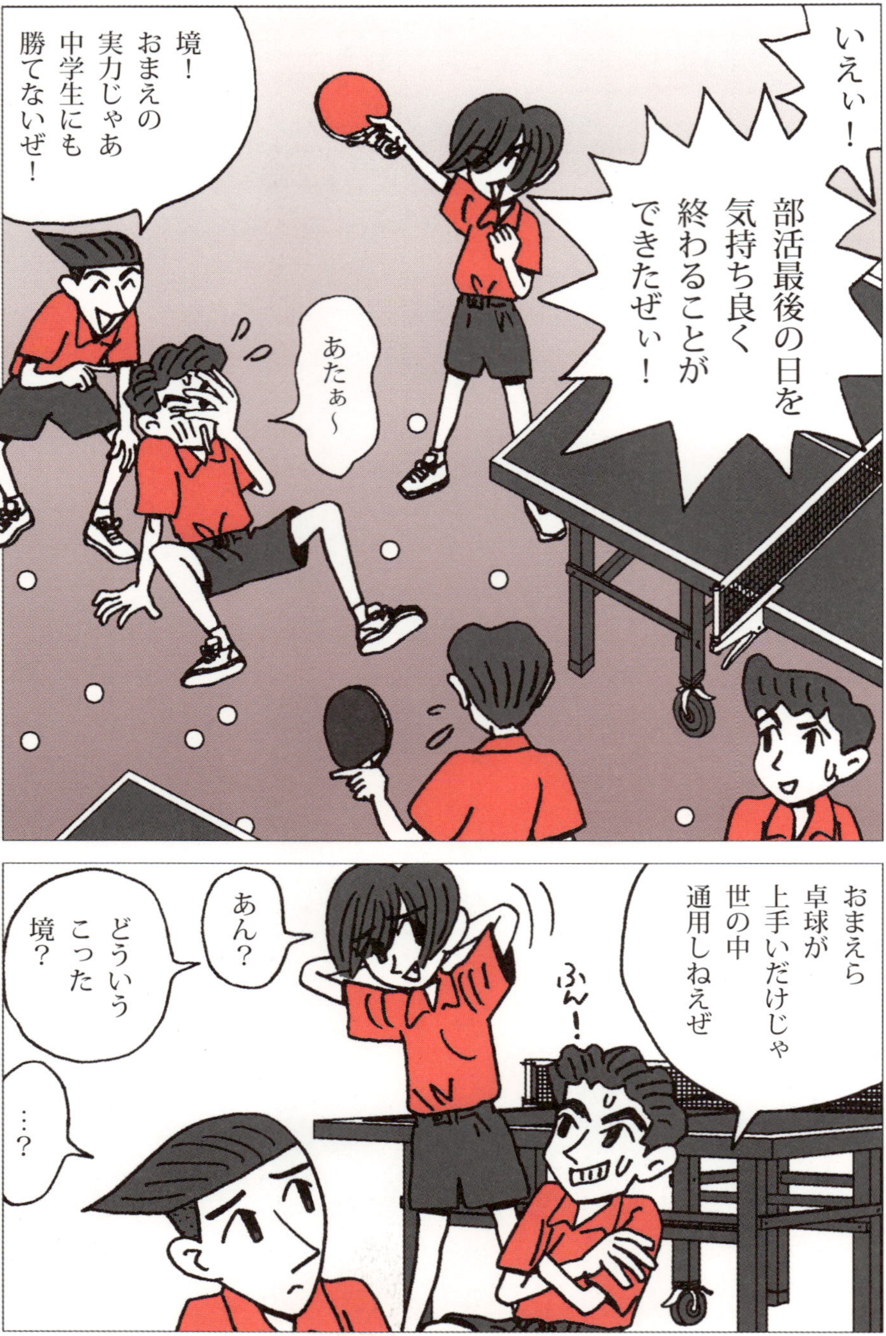
いえぃ！
部活最後の日を
気持ち良く
終わることが
できたぜぃ！
あたぁ～
境！
おまえの
実力じゃあ
中学生にも
勝てないぜ！
おまえら
卓球が
上手いだけじゃ
世の中
通用しねえぜ
ふん！
あん？
どういう
こった
境？
…？

3
（1）光のエネルギー

流星に真矢！
境龍太朗 電気科三年生 流星たちと同じ 卓球部員
てめーら ふたりとも 学期末試験 赤点だったろ！
太刀川真矢 電気科三年生 卓球部員
ギクッ
ギクッ
追試で 頑張らないと ヘタすりゃ 留年だぞ！
ふふ
留年！
あちゃあぁ～
マジで やっべぇ～

…流星
どうする？
おれに
考えが
ある…
SUNROAD
た
たのむぞ
頼りに
してっから
な～
まかしと
けって！

5

（1）光のエネルギー

倉沢家――
…舞子先生！
おれたちに電力応用の勉強教えてください！
お兄ちゃん！
お おい 流星～
え…！
夢野舞子
東東京大学電気工学科の
大学院生。
流星の妹未来の家庭教師。

真矢おまえからもお願いしろ！
舞子先生は東東京大学電気工学科の大学院生で秀才だぞ！
お…おぉ！
お願いします！
教えてください！
ええ〜
ちょっとお兄ちゃんたちぃ！
舞子先生はわたしの家庭教師なのよ
しかも今は勉強中ですぅ！
わりいな未来
今度おれが勉強教えてやっから我慢してくれ

7
(1) 光のエネルギー

Joy's
やだ～
流星君と真矢君ふたりとも追試なのぉ？
このままだとおれたち留年かもしれません！
だな！
そ それで追試はいつなの？
一週間後です！
やれやれ参ったな～

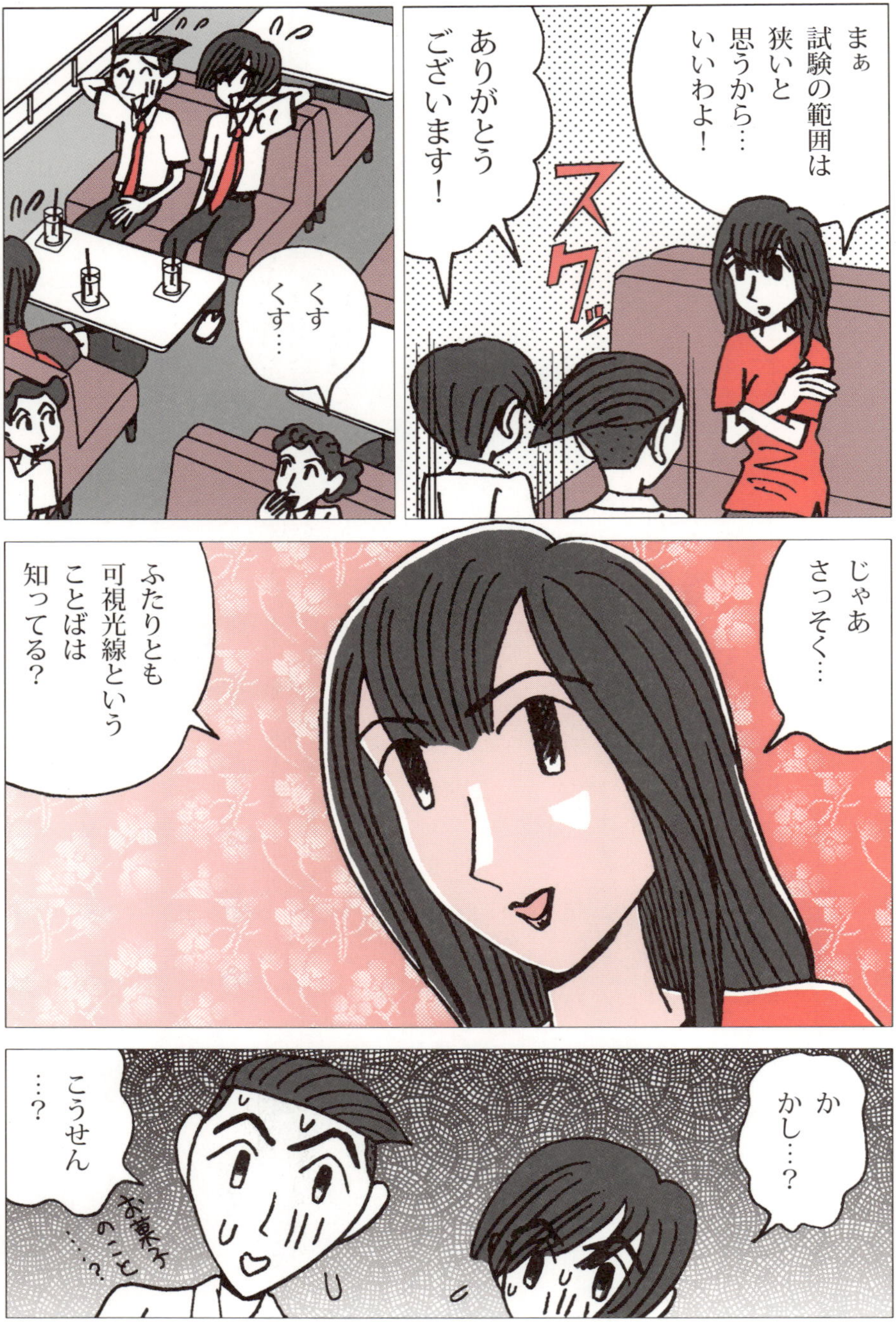
まぁ
試験の範囲は
狭いと
思うから…
いいわよ！
スクッ
ありがとう
ございます！
くす
くす…
じゃあ
さっそく…
ふたりとも
可視光線という
ことばは
知ってる？
か
かし…？
こうせん
…？
お菓子の
こと
…？

9
（1）光のエネルギー

あの…
つまり目に見える光のことよ
たとえば店内の照明でも大きな照明と壁灯とでは微妙に光の色が違うでしょ？
そう言われてみるとなんとなく違うなぁ
うん…
舞子先生目に見える光があるってことは目に見えない光もあるってことですか？
そうよ！

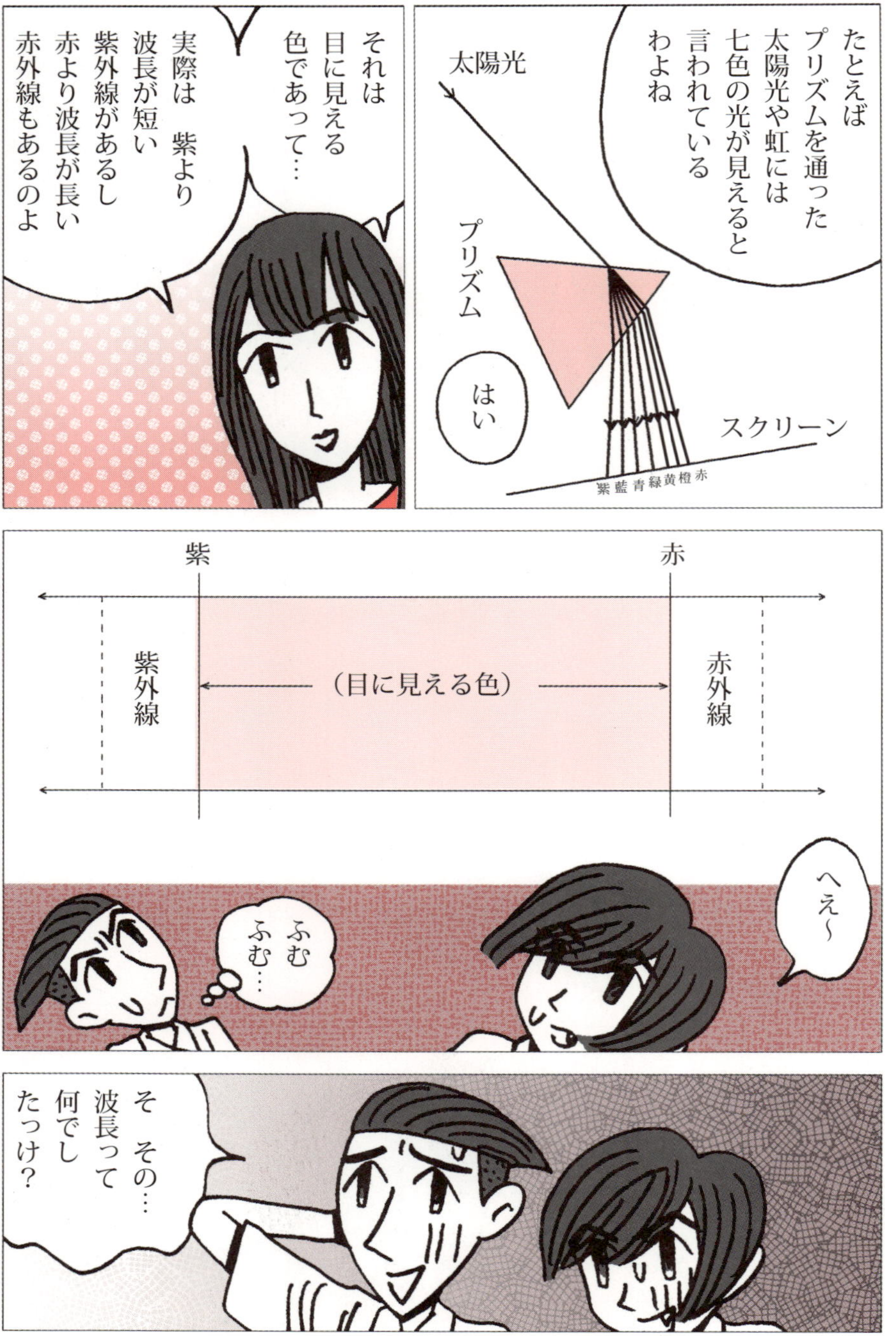
たとえばプリズムを通った太陽光や虹には七色の光が見えると言われているわよね
太陽光
プリズム
はい
スクリーン
紫藍青緑黄橙赤
それは目に見える色であって…
実際は　紫より波長が短い紫外線があるし赤より波長が長い赤外線もあるのよ
紫
赤
紫外線
（目に見える色）
赤外線
へえ～
ふむふむ…
そ　その…波長って何でしたっけ？

光はX線・紫外線・赤外線・電波などと同じように電磁波として空間を伝わるものなのよ
電磁波
X線
紫外線
赤外線
電波…
X線とか紫外線とか…みんな聞いたことがあるぞ！
あるある
このようにエネルギーが電磁波として放出される現象を放射というのよ

《電磁波のスペクトル》

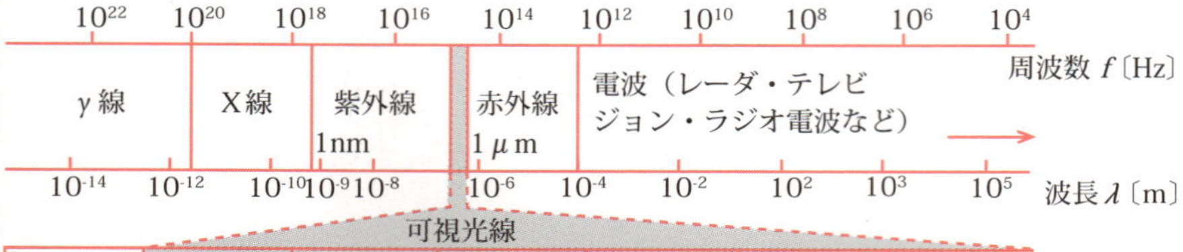

色	紫	青	緑	黄	橙《だいだい》	赤
波長 λ〔nm〕	380 ～ 430	430 ～ 490	490 ～ 550	550 ～ 590	590 ～ 640	640 ～ 760

13
（1）光のエネルギー

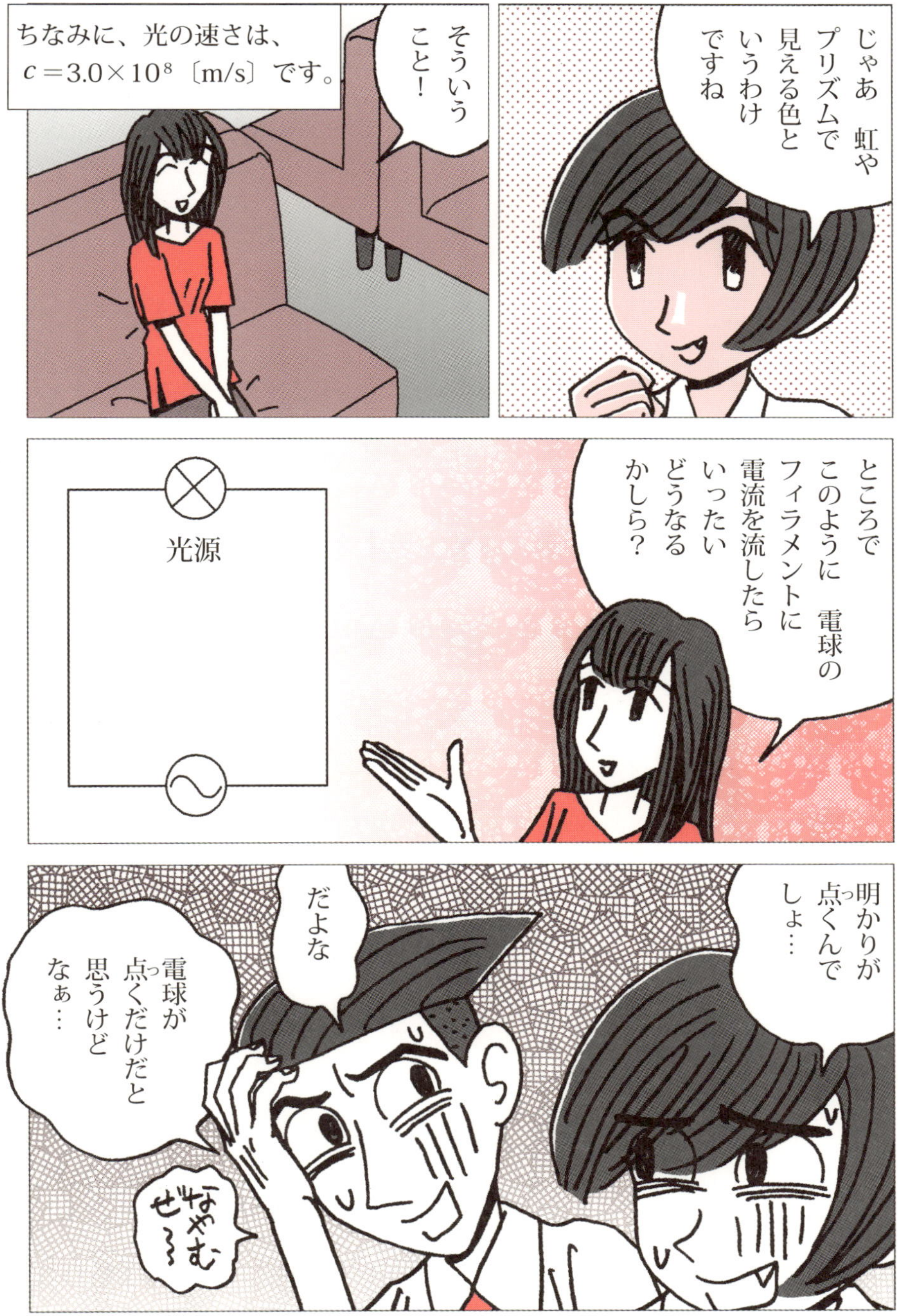
じゃあ　虹や　プリズムで　見える色と　いうわけ　ですね
そういう　こと！
ちなみに、光の速さは、$c=3.0\times10^{8}$〔m/s〕です。
ところで　このように　電球の　フィラメントに　電流を流したら　いったい　どうなる　かしら？
光源
明かりが　点《っ》くんで　しょ…
だよな
電球が　点《っ》くだけだと　思うけど　なぁ…
なやむ　ぜ〜

はい
正解！
パチパチ
あら
あれぇ～
なんなんすか
いったい？
こんなの
正解しても
うれしく
ないっすよ～
明かりが点くということは
電球が明るくなったから
点いたと判断できる
わけでしょ
でも
実際は
電球に
電流を流すと
目に見ない
光も
出ている
のよ
目に
見えない
光…！
つ　つまり
可視光線
以外の
光ってこと
ですか？
そうなの
よ！

15
(1) 光のエネルギー

点灯した電球からは赤外線や可視光線などの電磁波のエネルギーが放射されているのよ！
赤外線
可視光線
なるほど！
そうした波長のエネルギーは数値で表すとわかりやすいでしょ
はい！
ということでそのエネルギーを単位時間ごとに放射される量で表した数値が放射束と呼ばれるものなのよ！
放射束

放射束はΦで表し、単位にはJ/s、つまりWが用いられます。
また、可視光線の放射束を、視覚に基づいて測った量を光束Fといいます。単位にはルーメン〔lm〕を用います。
へえ～
さらに放射エネルギーが光としてどれだけ明るく感じられるかということをやはり数値で表すことができるわよ
それを視感度というのよ
ある波長λ〔nm〕の放射束が　Φ_λ〔W〕で、人間の目に光束　F_λ〔lm〕として感じられるなら、光束の放射束に対する視感度　K_λは、次のようになります。
$K_\lambda = \frac{F_\lambda}{\Phi_\lambda}$〔lm/W〕

17
（1）光のエネルギー

つまり視感度というのは実際の明るさではなくてどれくらい明るく見えるかということですか？
そうよ
さっき目に見える光のことを何とかって言いましたよね…
なんだっけ？
か かしこい… じゃなくて…
可視光線ね
そう そう
その可視光線です！
たしか可視光線の波長の幅があるって言ったじゃないですか
ということは…
あれ
もしかして明るく見える色とそうでない色があるってことですか？

流星君
よく気が付いた
わね
その通り
よ！
おー
すげー
流星！
じゃあ
可視光線の
波長の長さは？
え？
つまり
光として
見ることが
できる
波長の長さは
ってことじゃ
ないか…？
そう！
え
え～と…
はい！
380～760nm です！
さっ

19
(1) 光のエネルギー

真矢君正解！
さっき舞子先生が言ったばっかじゃねーか
おまえおれよりか頭わりーな
てことは追試をパスできるのはおれでおまえは留年決定だなわはははは
るせー
留年するときは一緒だぜ！
どーかな
ちょっとちょっとぉ～
留年ではなくて追試をパスするのが一緒なんでしょ
なんのためにわたしが貴重な時間を割いてあなたたちに電力応用教えてるのよぉ～
ごめんなさ～い

じゃあ話を戻すわよ
おお願いします…
Joy's
流星君が言ったように可視光線にはもっとも明るく見える色があるのよ
そして視感度が最も大きい色が黄緑色の波長５５５〔nm〕なの！
じゃあ黄緑色が最も明るく見えるんだ
へえ～
そうよ

視感度は黄緑色の波長のときが最大で、 K_λ＝683〔lm/W〕です。そして、この最大視感度 K_m を基準として、波長 λ の視感度 K_λ を K_m で割った値を比視感度 V_λ といいます。

$$V_\lambda = \frac{K_\lambda}{K_m}$$

たとえば 今 光源が ひとつの点だと 考えるわよ
これを 点光源と いうのよ
点光源ね…
ところで おふたりさん 学校の授業で やったと思うけど 光度という ことばは 覚えてる？
光度
光度…？
た たしかに 授業でやったような 気がするけど…
真矢 おまえ 寝てたから 覚えてねー だろ？
おまえこそ そんとき メシ食ってた ろー
ば～か

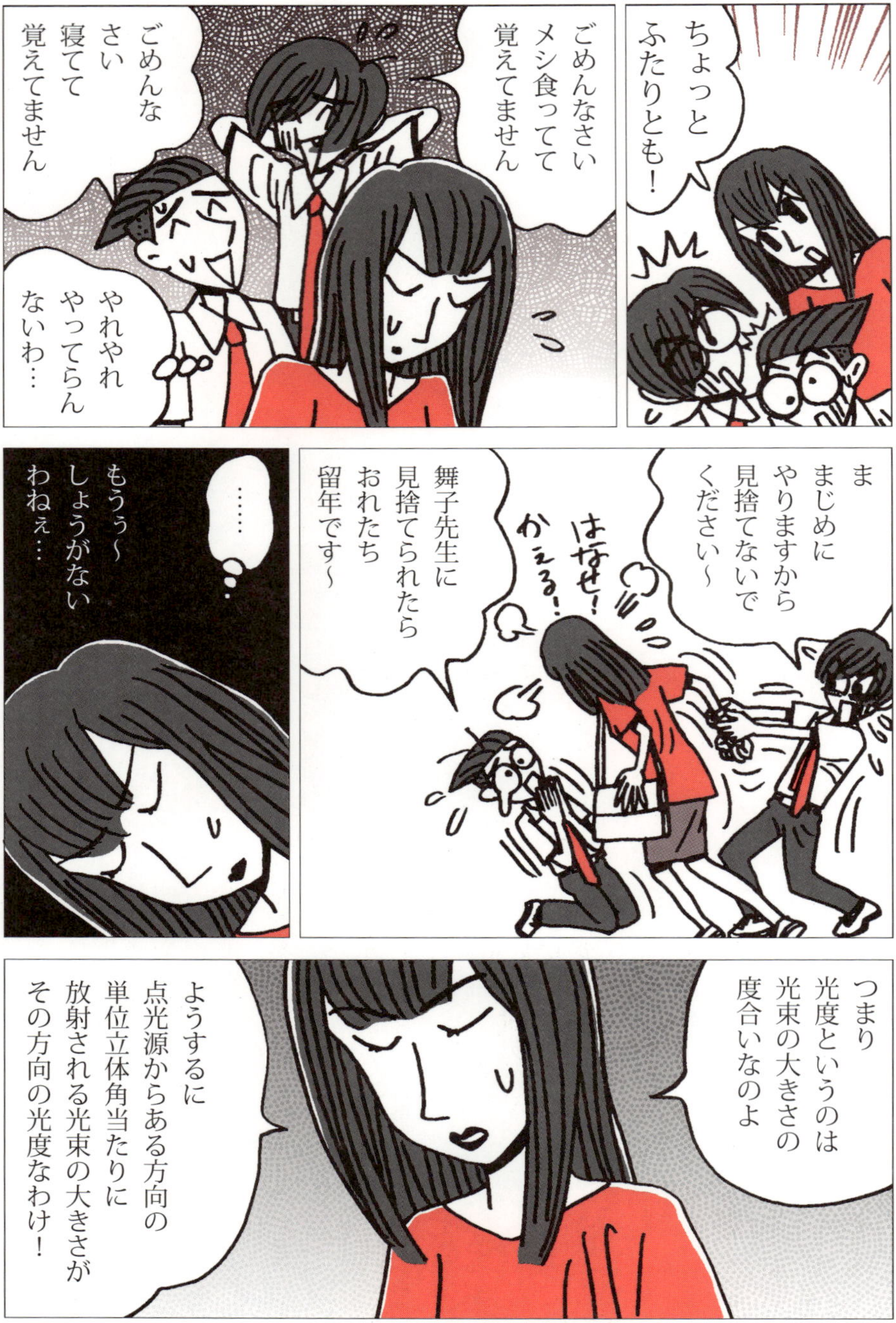
ちょっと ふたりとも！
ごめんなさい メシ食ってて 覚えてません
ごめんなさい 寝てて 覚えてません
やれやれ やってらん ないわ…
ま まじめに やりますから 見捨てないで ください～
はなせ！ かえる！
舞子先生に 見捨てられたら おれたち 留年です～
……
もうぅ～ しょうがない わねぇ…
つまり 光度というのは 光束の大きさの 度合いなのよ
ようするに 点光源からある方向の 単位立体角当たりに 放射される光束の大きさが その方向の光度なわけ！

23
（1）光のエネルギー

一般に、光度はIで示され、単位にはカンデラ〔cd〕を用います。
立体角…
空間における立体角とは、空間上の点光源から出る半直線が動いて作る錐《すい》面によって区切られた部分のことです。
（半径 r m の球）
S
立体角ω
r
点光源
光束
$\omega = \frac{S}{r^2}$〔sr〕
sr：ステラジアン
…じゃあ 今日はこのくらいにしておきましょう
き 今日は…ということは明日も教えてもらえるんですか？
しょうがないでしょ
やれやれ
あなたたちが留年するのは見ていられないもの…
よかった～
ほっ
やった～

チェックポイント

・光は、X線・紫外線・赤外線・電波などと同じように、電磁波として、空間を伝わります。

・電磁波を波長の長さの順に示したものがスペクトルです。

・点灯した電球から放射される赤外線や可視光線などの電磁波のエネルギーを、単位時間ごとに放射される量で表したのが放射束です。

・光度は光束の大きさの度合いです。

(2) 照明の基礎
…よろしくお願いしまぁす！
照度
じゃあさっそく…
照度ということは聞いたことがあるかしら？
いいきなりですね
だってあなたたち追試まで時間がないんでしょ
たたしかに…
で照度について知ってるの？知らないの？

やはりね！
舞子先生ってはっきり言うんですね…
いや〜まいった〜
だって知らないことははっきりしてたほうがいいでしょ
それで知らないことだけ覚えればいいんだから！
そ それができれば赤点なんか取んないよな〜
覚えられないから赤点取ったっていうのに〜
いい！光がある面に当たるとするわよ
そのときの単位面積当たりに入射する光束の大きさが照度よ
光
ちゃんと覚えておいてね

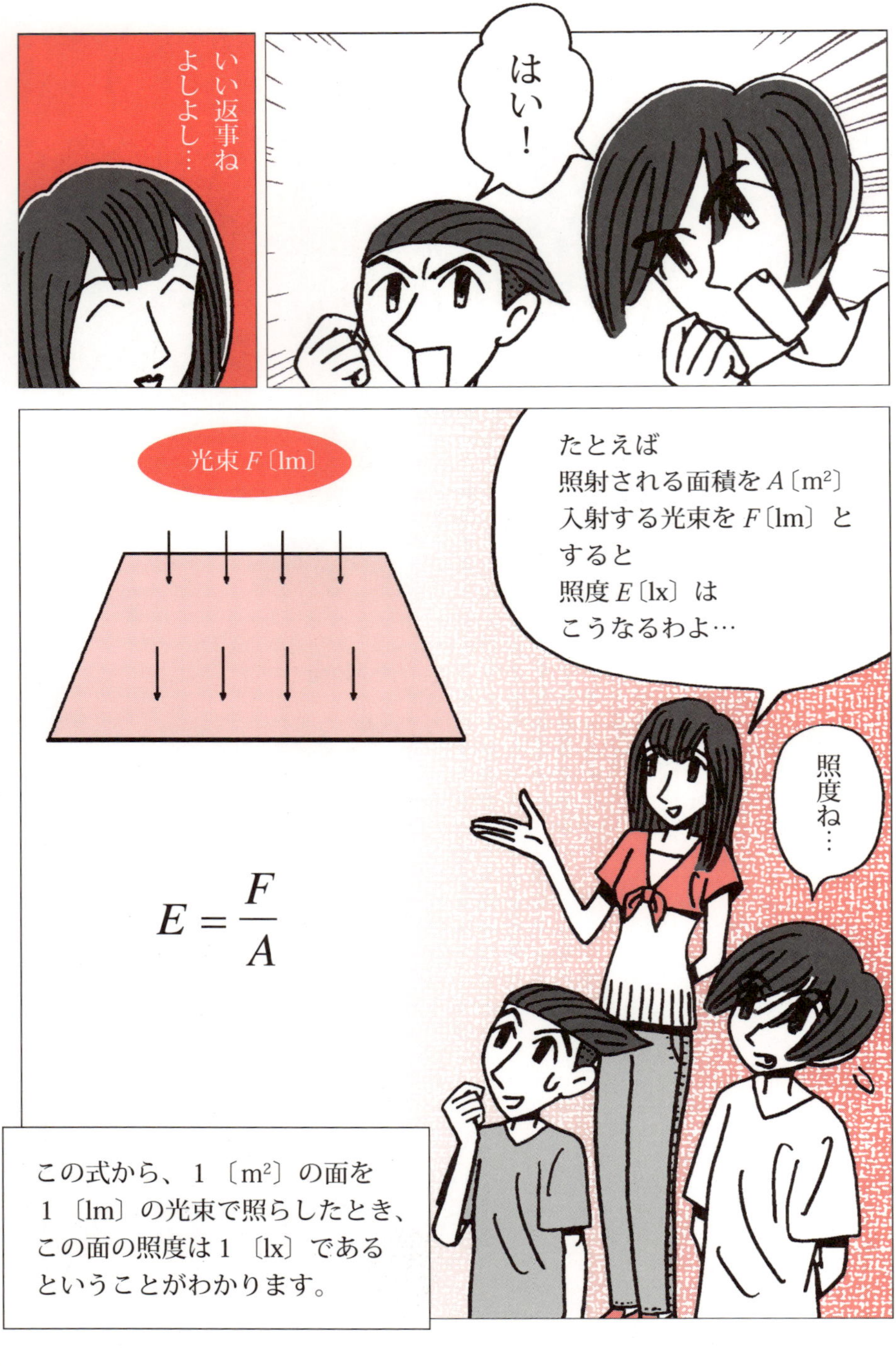
はい！
いい返事ね
よしよし…
たとえば
照射される面積をA〔m²〕
入射する光束をF〔lm〕と
すると
照度E〔lx〕は
こうなるわよ…
照度ね…
光束F〔lm〕
$$E = \frac{F}{A}$$
この式から、1〔m²〕の面を
1〔lm〕の光束で照らしたとき、
この面の照度は1〔lx〕である
ということがわかります。

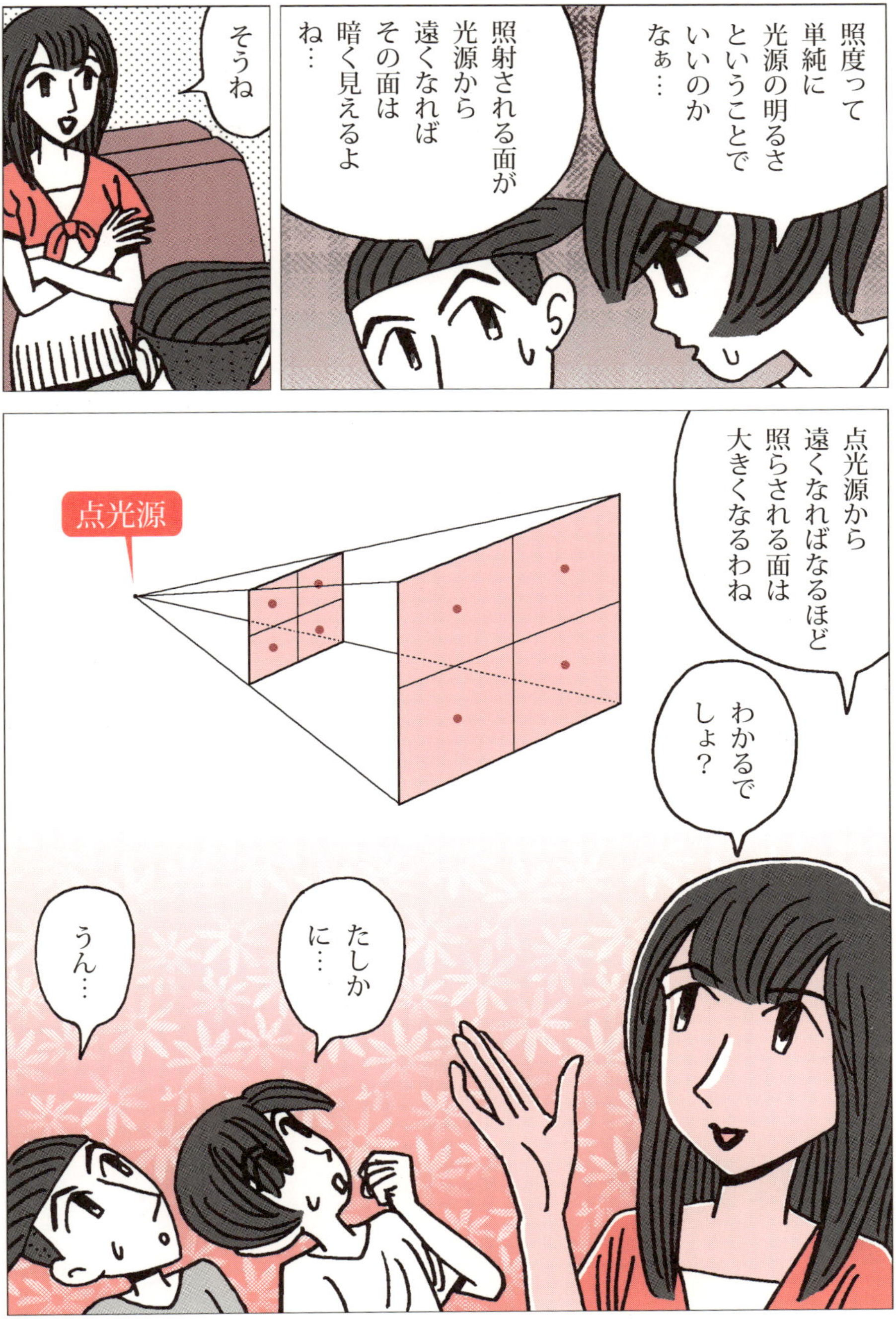
照度って単純に光源の明るさということでいいのかなぁ…
照射される面が光源から遠くなればその面は暗く見えるよね…
そうね
点光源から遠くなればなるほど照らされる面は大きくなるわね
わかるでしょ?
点光源
たしかに…
うん…

ということは単位面積当たりの入射光束が小さくなるってことでしょ！
照射される面積が広くなった分だけ…
つまり式の分母が大きくなった分だけ照度の値が小さくなるってことかなぁ…
その通りよ！
流星君わかったようね
えへへ
まーね
舞子先生！
点光源は一方向だけを照らすわけじゃないでしょ
すべての方向に対して同じ光を放射するんじゃないですか？
そうよ
真矢君よく気が付いたわね～

たとえば
点光源の光度を
I〔cd〕として
すべての
向きに対して
一様な光度を
持つものと
するわよ
はい!
そこで
点光源から
r〔m〕 離れた
点の照度 E〔lx〕 を
求めてみるわね
はい!
点光源から
すべての向きに放射される
の全光束 F は
$4\pi I$〔lm〕 であり
さらに半径 r の
球の表面積は
$4\pi r^2$〔m^2〕 よね

すると照度E〔lx〕はこのようになります！
点光源の光度 I〔cd〕
I〔cd〕
r〔m〕
A〔m²〕
r〔m〕
$4\pi r^2$〔m²〕
$E = \dfrac{F}{A} = \dfrac{4\pi I}{4\pi r^2} = \dfrac{I}{r^2}$

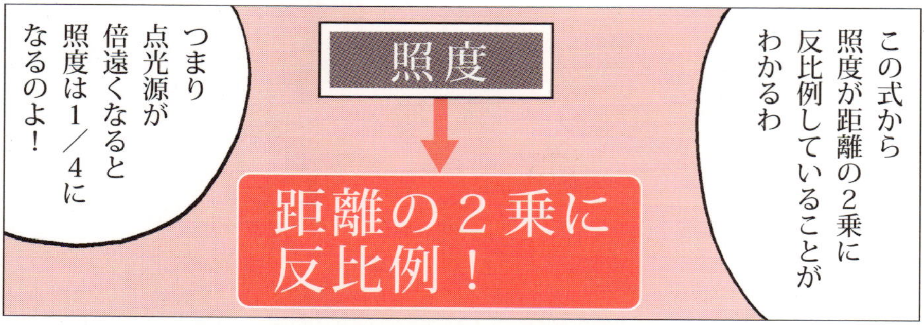
この式から照度が距離の2乗に反比例していることがわかるわ
照度
距離の２乗に反比例！
つまり点光源が倍遠くなると照度は1／4になるのよ！

なるほど！
わかります！

これを、距離の逆2乗の法則といいます。

光束発散度
点光源だとまぶしいけど同じ光度でも大きな光源だとさほどまぶしさを感じないでしょ
たしかに…
まぶしいとお客さんが嫌がるかもね…
このように光源がある大きさをもっていて光源の単位面積から発散される光束の面積密度を光束発散度というのよ
光束発散度
う〜ん光束発散度が大きいって…
どういうことなんだろ…？

この式からもわかるように光束発散度が大きいと狭い面積からたくさんの光束が出ているということね
$M = \dfrac{F}{A}$
ただし、光源の発光面積をA〔m^2〕、全光束を F〔lm〕、光束発散度をM〔lm/m^2〕とします。
てことは光源がまぶしいと感じたら光束発散度が大きいということなのかなぁ…
そうよ
えへへ
簡単じゃん…

輝度
発光面の垂直投影面積…たとえばあの照明の面積をA〔m^2〕とするわよ
それって…つまり照明器具の照明部分を床に垂直投影した場合の面積ってことですか？
そうよ
その面積をA〔m^2〕とするわね
光源
A〔m^2〕
そして　その方向の光度つまり　法線の向きの光度をI〔cd〕とするわよ
光源
I〔cd〕
A〔m^2〕
じゃあ照明の光が床に垂直に当たっているということ？
そう
その場合の光度IとAの比は光源の見かけの単位面積当たりの光度を示しているのよ

これを輝度といいます！
輝度！
読んで字のごとく輝度とは輝きの度合い…
つまりまぶしさの度合いということね
輝度が大きいとまぶしいんですかね？
ええ
そしてこの場合の輝度Lは次の式で表されるわ
$L=\dfrac{I}{A}$〔$\mathrm{cd/m^2}$〕

光源の見かけの面積（光源の向きに対する正射影の面積）は、角度θによって異なります。

そして、法線方向の光度をIとすると、角度θの向きに対する光度I_θは、以下のようになります。

$$I_\theta = I\cos\theta$$

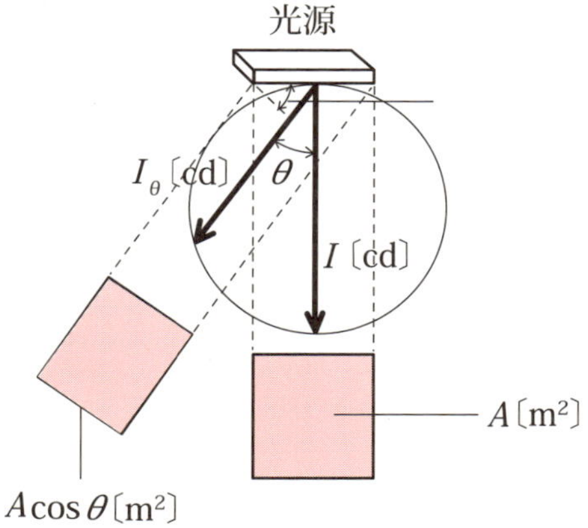

（光源がある大きさを持っている場合）

前ページは、光源がある大きさを持っている場合でした。

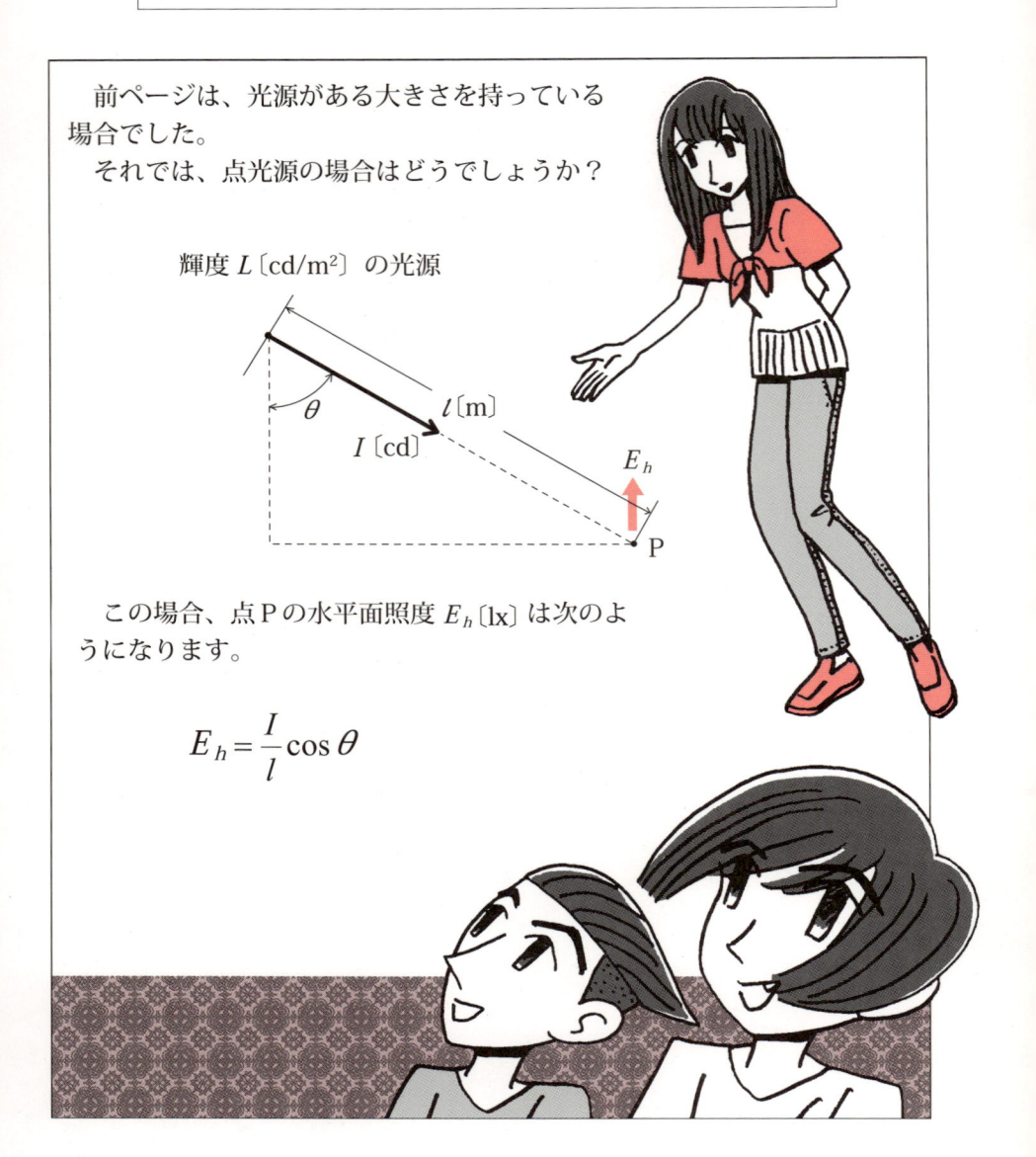

それでは、点光源の場合はどうでしょうか？

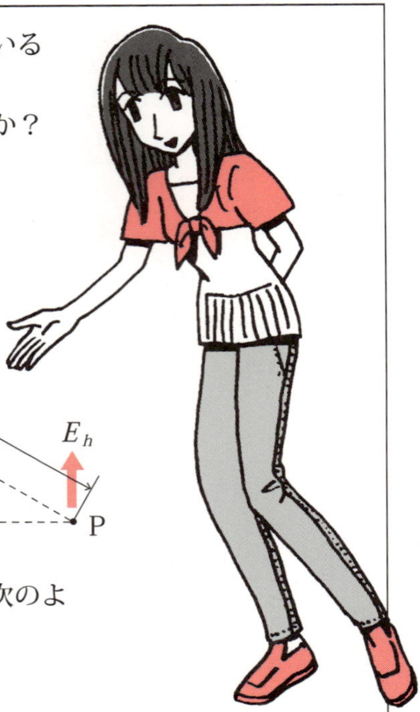

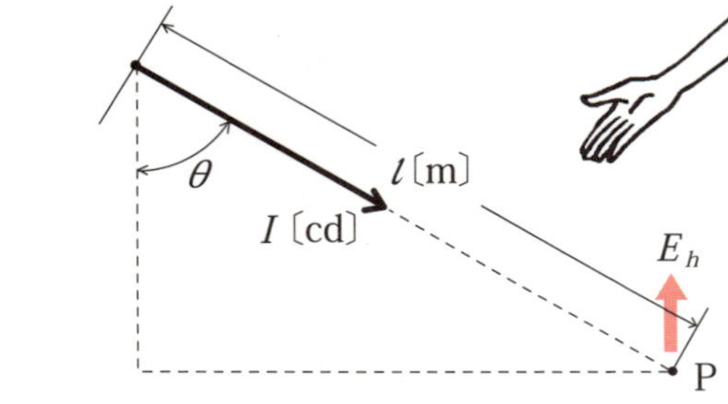

この場合、点Pの水平面照度 E_h〔lx〕は次のようになります。

$$E_h = \frac{I}{l}\cos\theta$$

チェックポイント

- 光がある面に当たるとき、単位面積当たりに入射する光束の大きさを照度といいます。
- 照度は距離の２乗に反比例しています。

(3) 白熱電球
追試まで、あと4日。
舞子先生 さっきから何度も光源ということばが出てますけど光源にはどんなものがあるんですか?
光源には まず物体を高温にして光を放射する現象を利用した電球があるわね
それと二つの電極間に高電圧を加えて放電させ光を放射する放電ランプがあるわ
じゃあ光源について話してみるわね
お願いします!

たとえば電球や太陽などは高温よね
え？
太陽ならわかるけど電球も高温なの？
おい流星～
点灯中の電球は触るとかなり熱いじゃんか
おまえ触ったことねーの？
ある！
熱い！
だろぉ！
点灯中の電球は熱いから素手でつかんでいられる人はいないと思うわよ～
電球や太陽のように高温の物体はエネルギーを放射するのよ
そして　高温でまわりにエネルギーを放射することを熱放射というのよ

熱放射！

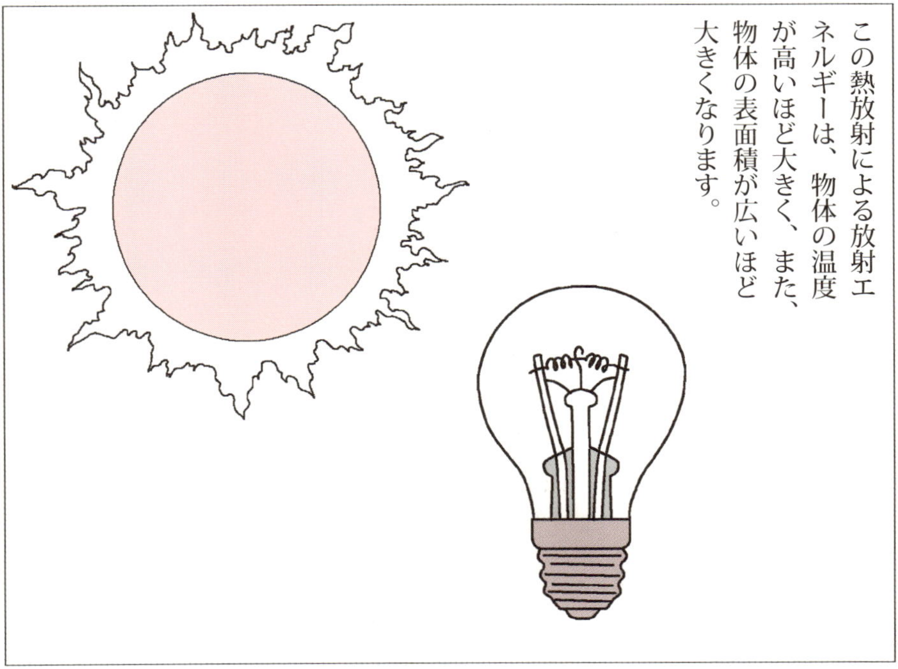
この熱放射による放射エネルギーは、物体の温度が高いほど大きく、また、物体の表面積が広いほど大きくなります。

さらにエネルギーを吸収する割合つまり吸収率が大きい物体ほど放射エネルギー量が大きいわよ！
それは つまり吸収したエネルギーを放射するからってことですか？
そういうこと！
そして完全に吸収したり放射する物体を黒体というのよ！
国民体育大会のこくたい？
No ！
Black Body の黒体よ。
つまり
完全放射体のことよ！
黒体は実在しません。ただし、油煙や白金黒などは、黒体に近い性質をもっています。

光の色がわかると温度がわかるわよ
そういえば光には様々な色があるよな…
ああ
赤と黄色とか…
黒体の温度を上げていくと光の色が変化して温度が高いほど光の色は白くなるのよ
へえ～
てことは光の色が白だと温度が高いってことか…
高温物体の温度を表すのにそれと同じ色の光を放つ黒体の温度で表す方法があるわ
これを色温度というのよ！
色温度かわかりやすい表現ですね
だな…
色温度

わたしたちの一般家庭で使われている光源の代表は白熱電球ね
白熱電球ってあの丸っこいやつでしょ
そう
これよ！
なんでこんなの持ってんですか？
近々全てのメーカーで製造中止になるのよその前に買っておいたの
廊下の電球が切れたら困るでしょ…
グッドタイミングだったね舞子先生！
ほんとね…

《白熱電球の構造》

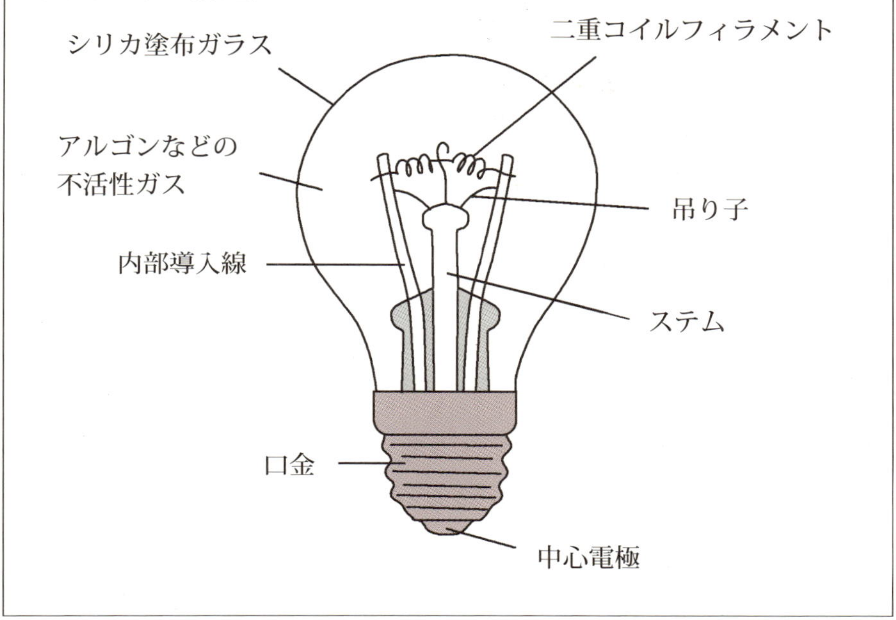
シリカ塗布ガラス
二重コイルフィラメント
アルゴンなどの
不活性ガス
吊り子
内部導入線
ステム
口金
中心電極

白熱電球の原理はガラスの電球内のフィラメントをジュール熱によって発光させることなのよ
ジュール熱ってなんですか？
たとえば電熱器のニクロム線に電圧を加えて電流を流すとどうなるかしら？

熱くなってきますよね…
ということは熱エネルギーが発生したってことでしょ
そしてこの熱エネルギーがジュール熱なのよ！
なるほど！
ジュール熱…
でもって白熱電球の発光部はこのフィラメントよ
わかるかしら？
このコイル状のやつですよね？
そうよ
それがフィラメント！

二重コイルになっていて
単線のコイルを
さらにコイル状に
巻いてあるわよ
なるほど！
だから
二重コイル
なんだ…

このフィラメントは
熱放射をするので
できるだけ太陽光に近い
高温にしたいわけなの
理想としては
太陽光に近い
５０００Ｋ
くらいね
でも　それだけの高温に
耐えられる素材がないので
フィラメントに
タングステンを
使用しているのよ
そのために
タングステン電球とも
呼んでいます
74
W
タングステン
183.8

タングステンの融点は３６５０Ｋです。

ただし このフィラメントの欠点は高温だとすぐに酸化してしまうことなの
ここで二人に質問だけど…
酸化を防ぐにはどうしたらいいかしら？
酸化するってことは酸素があるからでしょ？
だよな
だったらさぁ酸素がない状態にすればいいんじゃないの
たとえば真空状態にするとか…
酸素がない状態
真空状態
そういうこと！
つまりガラス球内を真空にすればフィラメントは酸化しないで済むわけよね

そこで ガラス球内を 真空にするために 真空ポンプを 使うのよ
ところが 真空ポンプでは ０．０１３３Pa程度までは 排気できても 残念ながら 完全な真空にはできないのよね
んじゃあ どうするんですか？
そこで あらかじめ ゲッタを フィラメントに 塗っておいて
排気した後に フィラメントを 加熱させて 残った酸素と 化合させる という方法を とっているのよ
ゲッタって？
ゲッタ？

リンや
バリウムが
成分よ
つまり
排気されずに
残った酸素を
そのゲッタの
成分である
リンや
バリウムと
化合させて
しまうん
ですね？
たぶん…
そう！

このようにして
おくと
真空にして
点灯したときに
フィラメントの
蒸発が著しく
なるので…
真空にした後で
不活性ガスを
入れておくのよ
真空にした後で
不活性ガスを封入
ほっ

真空電球では、タングステンの蒸発を抑える圧力がありません。そのために、蒸発したタングステンはガラス球内壁に付着して黒くなります。これを黒化といいます。

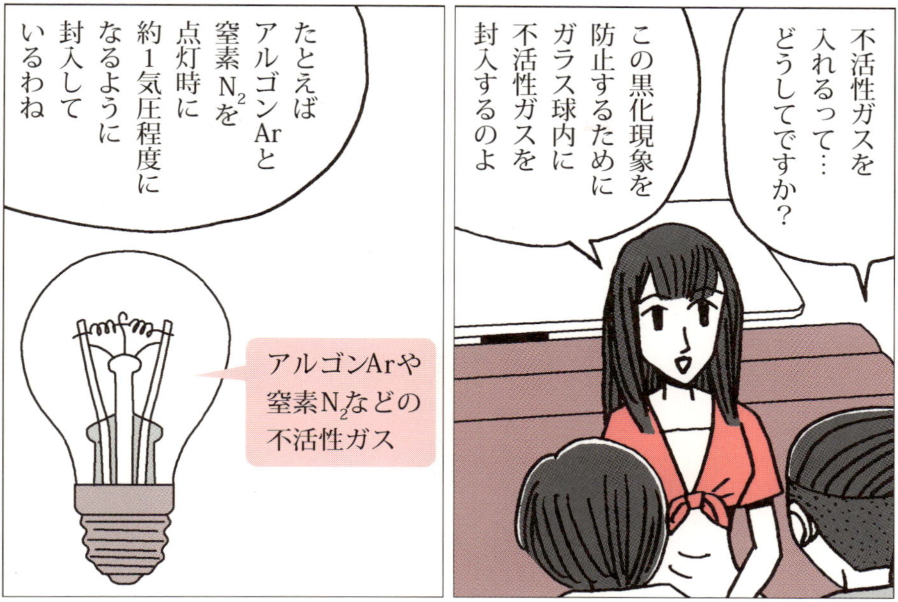
不活性ガスを入れるって…どうしてですか?
この黒化現象を防止するためにガラス球内に不活性ガスを封入するのよ
たとえばアルゴンArと窒素N_2を点灯時に約1気圧程度になるように封入しているわね
アルゴンArや窒素N_2などの不活性ガス

100V 級の一般照明用電球で使用されているのは、Ar が 86～98%のものです。

電球ってコップや窓ガラスなどと比べてかなり軽いですよね…
そうね一般の照明用電球のガラス球には軟質のソーダガラスが使われているわよ
あと高容量の電球には硬質のホウケイ酸ガラスが使われているわね

電球って透明のものとそうでないものがあるんじゃないの？
あるある
ガラス球には透明なものと白色塗装のものがあるわね
透明な電球が高容量の電球で内面が白色塗装の電球は一般照明用の電球ね
内面を白色塗装するとどうなるんですか？
輝度を小さくすることができるわよ
てことはまぶしくないんですね
やっぱり家庭用の電球はまぶしくないほうがいいや
だよな！勉強しててまぶしかったら集中できないし！

ほっ ほぉ〜 真矢君が 勉強ねぇ
流星ぇ
お おまえに 言われたかね〜ぞぉ
ま! お互い 傷を ほじくりあうのは やめよ〜ね 真矢君…
だな 流星君…
あはは はは
えへへ へへ
あっきれた〜
あんたたち ほんっとに 勉強して こなかった みたいね〜
い 今までは そうですが これからは 違います!
ぼくたち 一生懸命 勉強します!
……

まぁ　そう
願いたいわね
でないと
わたしの努力
無駄になっちゃう
もの
とにかく
留年だけは
よしま
しょうね
留年だけ
は！
……
さ
さあ…
勉強
勉強！
わはは
はは…
やれ
やれ…

白熱電球の特性
製作
初めて点灯
白熱電球は製作直後に初めて点灯するとまず光束と電流が急激に変化しその後一定になるのよ！
製作直後？
つまり 排気をしてさらに不活性ガスを封入した後のことよ
ところで光束と電流が急激に変化してその後 一定になるって…
どういうことですか？
光束が急激に増加して極大値に達するとその後はゆるやかに減少して一定値に落ち着くのよ
一方の電流は緩やかに減少して1～3％ぐらいの減少で一定値になるの

これはタングステンの結晶構造が安定な状態に移ったということなの
ふ～ん…
この現象は、初点灯後十数分間に生じる現象で、エージングと呼ばれています。
市販されている白熱電球は安定した状態になっているわけでしょ？
そうよ
白熱電球を作る最終段階では特性を安定させるために過電圧で短時間点灯させているのよ
つまりエージングを行って安定状態にするわけなの！

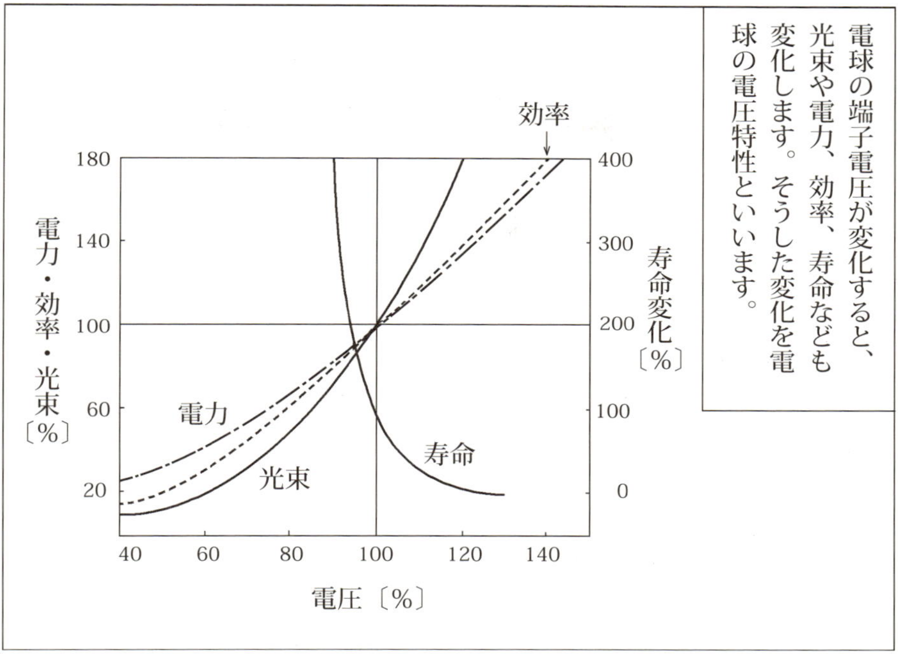
電球の端子電圧が変化すると、光束や電力、効率、寿命なども変化します。そうした変化を電球の電圧特性といいます。
効率
180
140
100
60
20
400
300
200
100
0
電力・効率・光束〔%〕
寿命変化〔%〕
電力
光束
寿命
40
60
80
100
120
140
電圧〔%〕

舞子先生白熱電球にはいったいどんな種類があるんですか？
（1）一般照明用電球
（2）ハロゲン電球
（3）反射形電球
大きく分けるとこうなるらしら…

(1) 一般照明用電球は
いわゆる
一般家庭を中心に
広く使われている
白熱電球のことよ
そして
もっとも多いのが
白色薄膜塗装
電球ね

(2) ハロゲン電球は
電球内に封入するガスに
不活性ガスと
微量のヨウ素・臭素などの
ハロゲン元素や
それらの化合物を
使っているのが
特徴ね
ハロゲン電球

なるほど!
電球内に
ハロゲン元素などを
封入しているから
ハロゲン電球と
いうんだ…

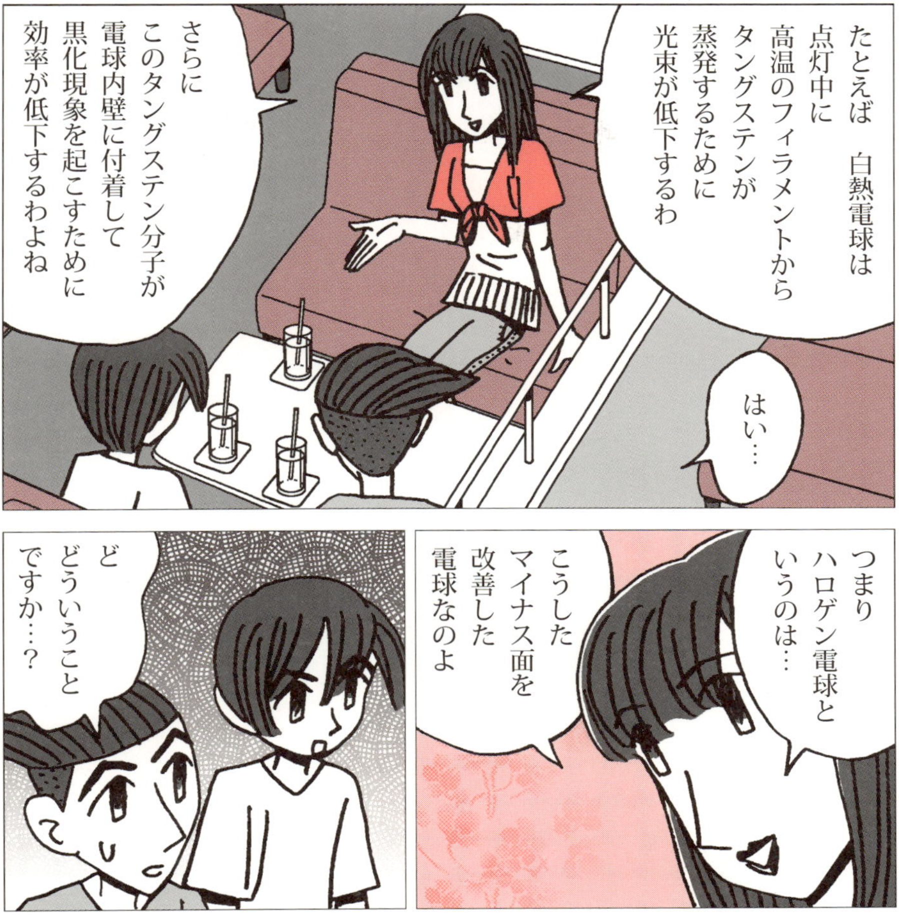
たとえば　白熱電球は点灯中に高温のフィラメントからタングステンが蒸発するために光束が低下するわ
はい…
さらにこのタングステン分子が電球内壁に付着して黒化現象を起こすために効率が低下するわよね
つまりハロゲン電球というのは…
こうしたマイナス面を改善した電球なのよ
どどういうことですか…？

ハロゲンサイクルについて

蒸発したタングステンは管壁付近でハロゲンと化合（黒化を防ぐ）

↓

フィラメント付近で加熱されるとハロゲンとタングステンに分離

↓

タングステンがフィラメント表面に析出

だから電球内が黒くならないんだ…
そうよ
おかげでずっと光束が変わらないままなのよ
そか

ハロゲン電球は、自動車のヘッドライトや映写機用ランプなどに使われています。

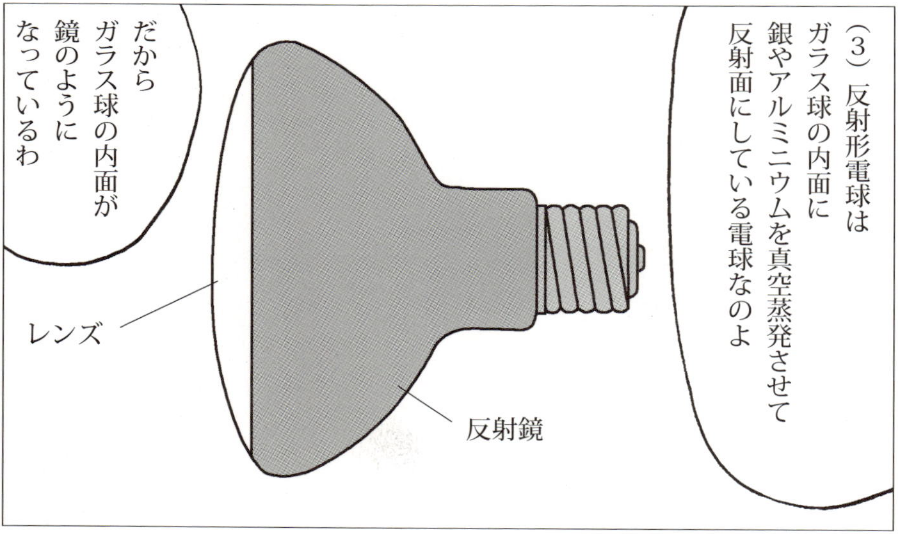
(3) 反射形電球はガラス球の内面に銀やアルミニウムを真空蒸発させて反射面にしている電球なのよ
だからガラス球の内面が鏡のようになっているわ
反射鏡
レンズ

鏡…
その反射鏡で特定の向きに光のビームが反射できるのよ
へぇ～
な なるほど…

……
流星君どうかした？
うん…
こんな白熱電球でも様々な知恵が結集されているんですよね…
ええそうよ…

おれたち今までサボりすぎたな…
なあ真矢
がんばって絶対に追試乗り切ろうぜ！
ああ！
今日はこのくらいにしときましょ
追試まであと4日だから明日もここでということで！
舞子先生！
ありがとうございました！
Joy's

(3) 白熱電球

ごちそうさまぁー
あら もう食べちゃったの？
うん 勉強するよ…
お兄ちゃんたら赤点取って追試なんだって
なんと！
しゃべんなよ ばかぁ～
あちゃ～～

そんでね
舞子先生に
勉強
教わってる
のよ
えへへ…
舞子先生
わたしの
家庭教師
なのにぃ～
ははは
いいじゃないか
それで 追試が
パスできるんなら…
あな
たぁ～
がんばれよ
流星！
あ
ああ…
舞子先生に
流星の
家庭教師料も
払わんとな
あはは…
そうね
…
未来のやつ
口が
軽すぎんだ
よな
ったく
う～

その3分後…
Zzz…
同じころ、太刀川真矢君は…
あははは…

チェックポイント

・白熱電球の原理は、ガラスの電球内のフィラメントをジュール熱によって発光させることです。

・ガラス球内を真空にすればフィラメントを酸化させずに済みますが、真空ポンプでは完全な真空にはできません。

・白熱電球を作る最終段階で、エージングを行って安定状態にします。

・ハロゲン電球の電球内に封入するガスとして、不活性ガスと微量のヨウ素・臭素などのハロゲン元素や、それらの化合物が使われています。

（4）蛍光灯
ミ〜ン
ミ〜ン…
追試まで、
あと3日—
Joy's
ふたりとも
家でちゃんと
勉強してきた
かしら？
はい！
じゃあ
今日は
昨日の続きで
照明について
話すわよ
お願い
します！

(4) 蛍光灯

もちろん蛍光灯は知ってるわよね？
あの長いやつでしょ？
長いやつって…それくらいは幼稚園児でも知ってるわな…
そうね
実際は長い形の直管形だけでなく丸い蛍光灯もあるわね
おれの勉強机に設置してある蛍光灯はコンパクト形というらしいよ
へえ〜

他にも、蛍光灯には、角形や電球形などがあります。
蛍光灯っていつごろからあるんですか？
蛍光灯は１９３８年にアメリカで開発されたのよ
古いでしょ
そその時代って日本だと昭和…？
昭和13年よ！
へえ〜
日本にはいつごろ入ってきたんですか？

67
(4) 蛍光灯

1947年！
戦後になってからなのよ
敗戦で暗い時代を明るく照らしてくれたのが蛍光灯だったのかもしれないわね
う～ん舞子先生うまいこと言うね～

蛍光灯は、波長 253.7nm の紫外線放射によって、蛍光管の内壁に塗布してある蛍光物質を刺激し、可視光線に変換します。

蛍光灯は　このように細いガラス管の内側に蛍光物質が塗ってあるのよ
そして両端にはフィラメントと補助電極が入っているの

たしか　ハロゲン電球にはハロゲン元素などが入っているって話してくれましたよね…
じゃあ蛍光管にも何かが入っているんですか？
蛍光管内には水銀が少しとアルゴンガスなどが封入されているわ
役割はなんですか？
スイッチを入れると水銀が蒸発して気体になるのよ　そして…
水銀原子からでる紫外線が管の内側に塗ってある蛍光物質にぶつかって光になるのよ
アルゴン原子は水銀イオンの運動を妨げて電極の寿命を長持ちさせてくれるわよ
さらに放電管壁方向に拡散する電子を妨げて電子*の損失を防いでくれるわ

*電子の損失を防ぐことで、発光効率が高まります。

蛍光灯の点灯回路
…これは蛍光灯を点灯するための電気回路よ！
へえ～

これはいったい何ですか？
蛍光ランプ
グローランプ
安定器
それは安定器といって別名チョークコイルよ

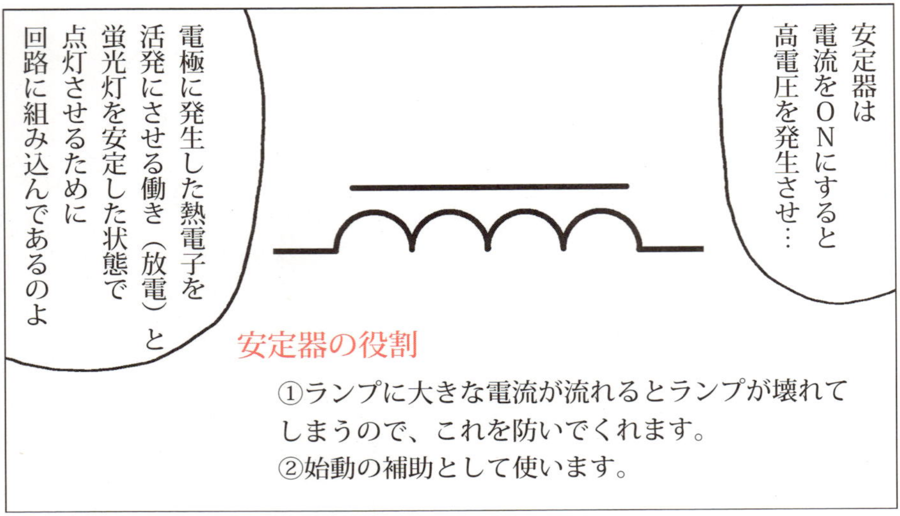
安定器は電流をＯＮにすると高電圧を発生させ…
電極に発生した熱電子を活発にさせる働き（放電）と蛍光灯を安定した状態で点灯させるために回路に組み込んであるのよ
安定器の役割
①ランプに大きな電流が流れるとランプが壊れてしまうので、これを防いでくれます。
②始動の補助として使います。

放電灯というのは流れる電流が増えると端子電圧が降下する性質があるのよ

ようするに明るさが落ちてしまうの
ふ～んそうなんだ…

だから電流制御素子として安定器を…
つまりチョークコイルを直列に接続することで流れる電流を制御しているわけなのよ…

蛍光灯の点灯回路は、①スタータ形、②ラピッドスタート形の２つに大別できます。

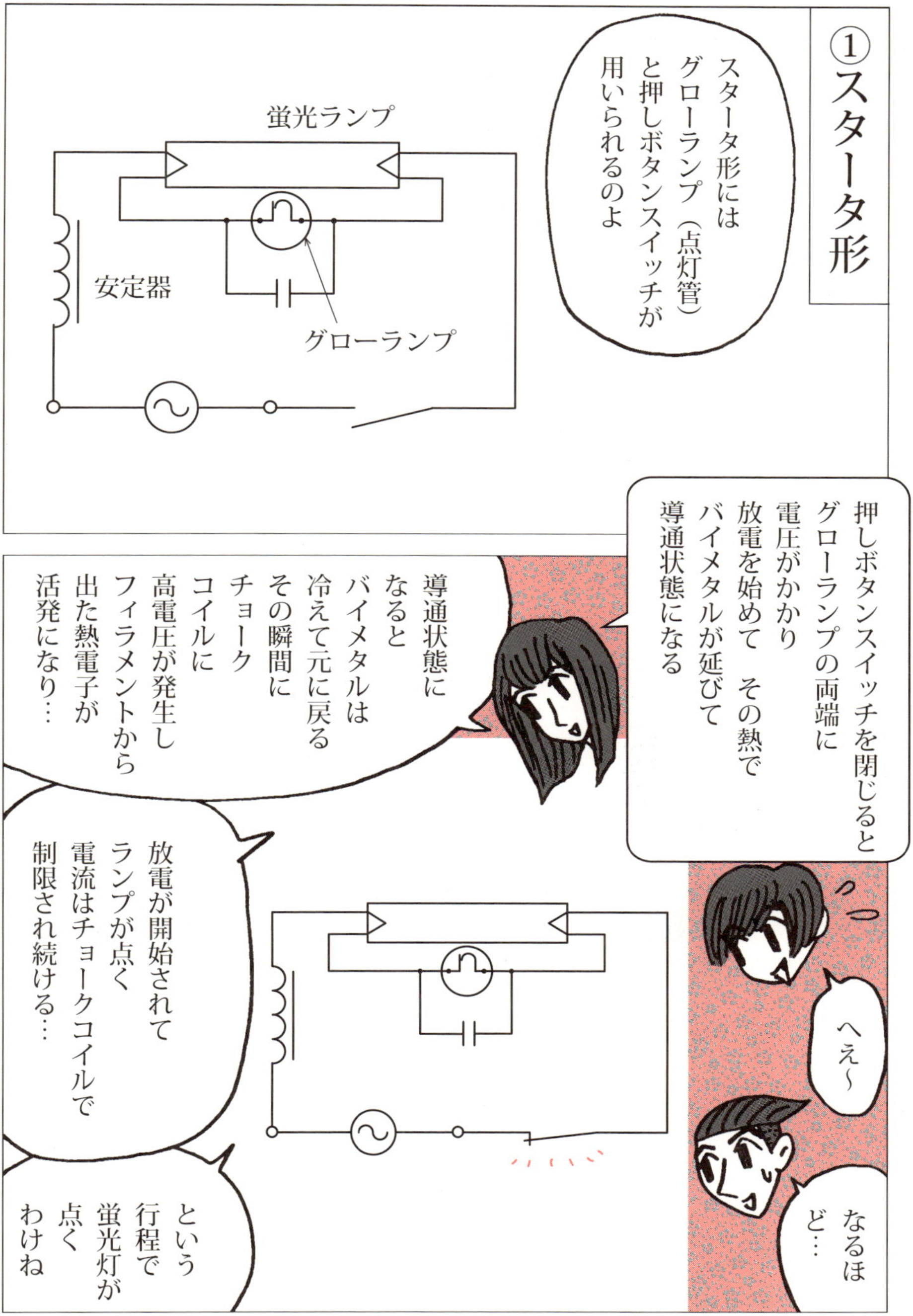
①スタータ形
スタータ形にはグローランプ（点灯管）と押しボタンスイッチが用いられるのよ
蛍光ランプ
安定器
グローランプ
押しボタンスイッチを閉じるとグローランプの両端に電圧がかかり放電を始めて　その熱でバイメタルが延びて導通状態になる
へえ～
導通状態になるとバイメタルは冷えて元に戻るその瞬間にチョークコイルに高電圧が発生しフィラメントから出た熱電子が活発になり…
なるほど…
放電が開始されてランプが点く電流はチョークコイルで制限され続ける…
という行程で蛍光灯が点くわけね

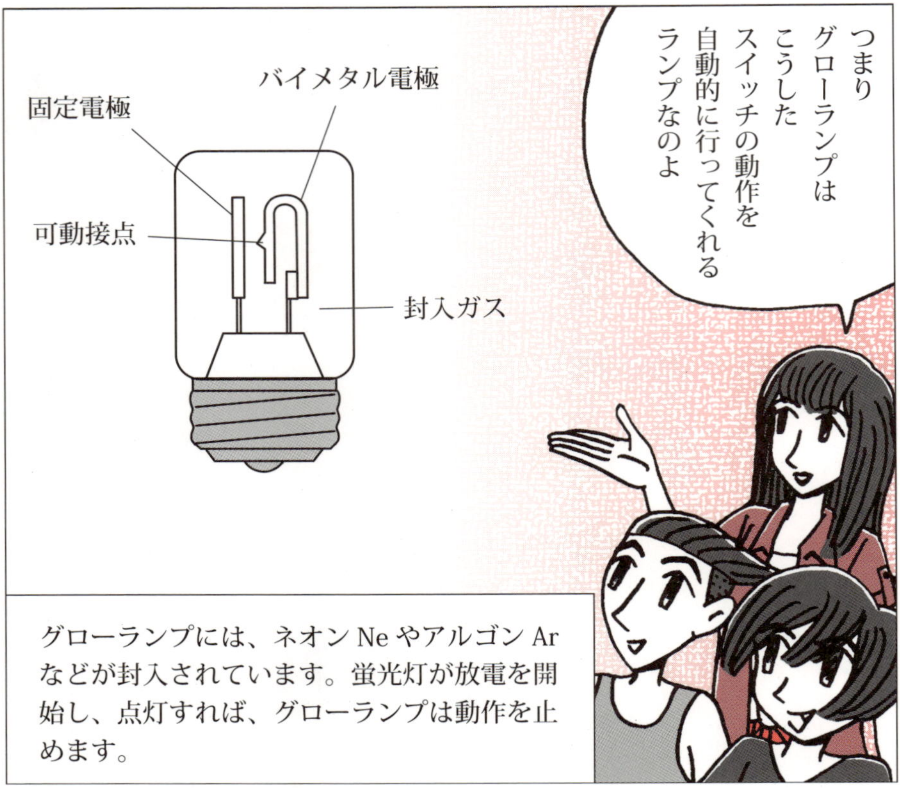
バイメタル電極
固定電極
可動接点
封入ガス
つまり
グローランプは
こうした
スイッチの動作を
自動的に行ってくれる
ランプなのよ
グローランプには、ネオン Ne やアルゴン Ar などが封入されています。蛍光灯が放電を開始し、点灯すれば、グローランプは動作を止めます。

グローランプの動作

両端に電圧がかかることで放電し、バイメタルが延びる。

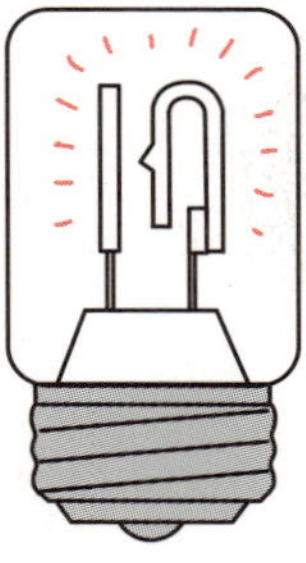

（1）

バイメタルが延びて固定電極に届くと放電が終わる。

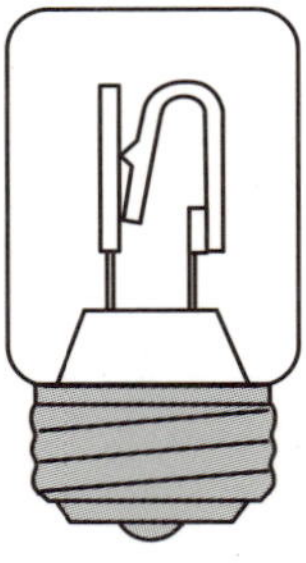

（2）

放電が終わることで、冷えて元の状態に戻る。

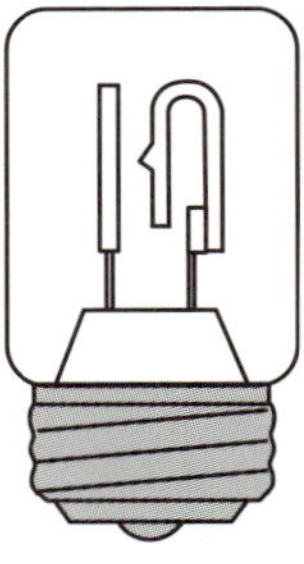

（3）

▸73◂
(4) 蛍光灯

②ラピッドスタート形
この回路では安定器の代わりに漏れ変圧器を用いるのよ
蛍光ランプ
漏れ変圧器
安定器
スイッチ
漏れ変圧器って何ですか？
磁気分路を設けて漏れリアクタンスが大きくなるようにした変圧器よ
放電電流が流れると漏れ変圧器の垂下特性でフィラメントにかかる電圧を小さくできるの
電源が入るとランプ電極管に高電圧が加わるのよ
同時に加熱電流が流れて約1秒で点灯するわよ
グローランプを使った蛍光灯は点灯するのが遅いけどラピッドスタートの場合は点灯が速いんだな…
うん…

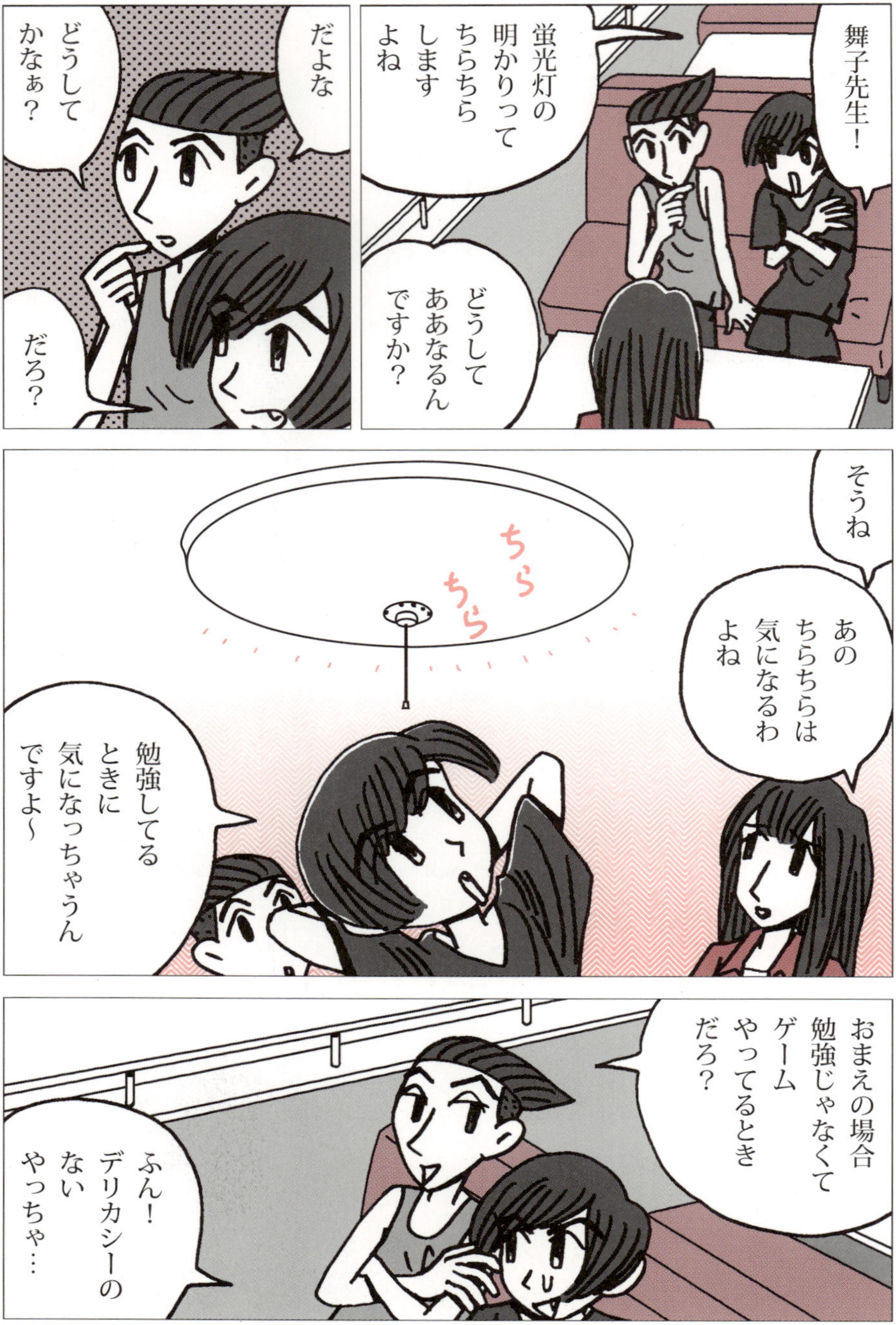
舞子先生！
蛍光灯の明かりってちらちらしますよね
どうしてああなるんですか？
だよな
どうしてかなぁ？
だろ？
そうね
あのちらちらは気になるわよね
ちら ちら
勉強してるときに気になっちゃうんですよ～
おまえの場合勉強じゃなくてゲームやってるときだろ？
ふん！デリカシーのないやっちゃ…

75
（4）蛍光灯

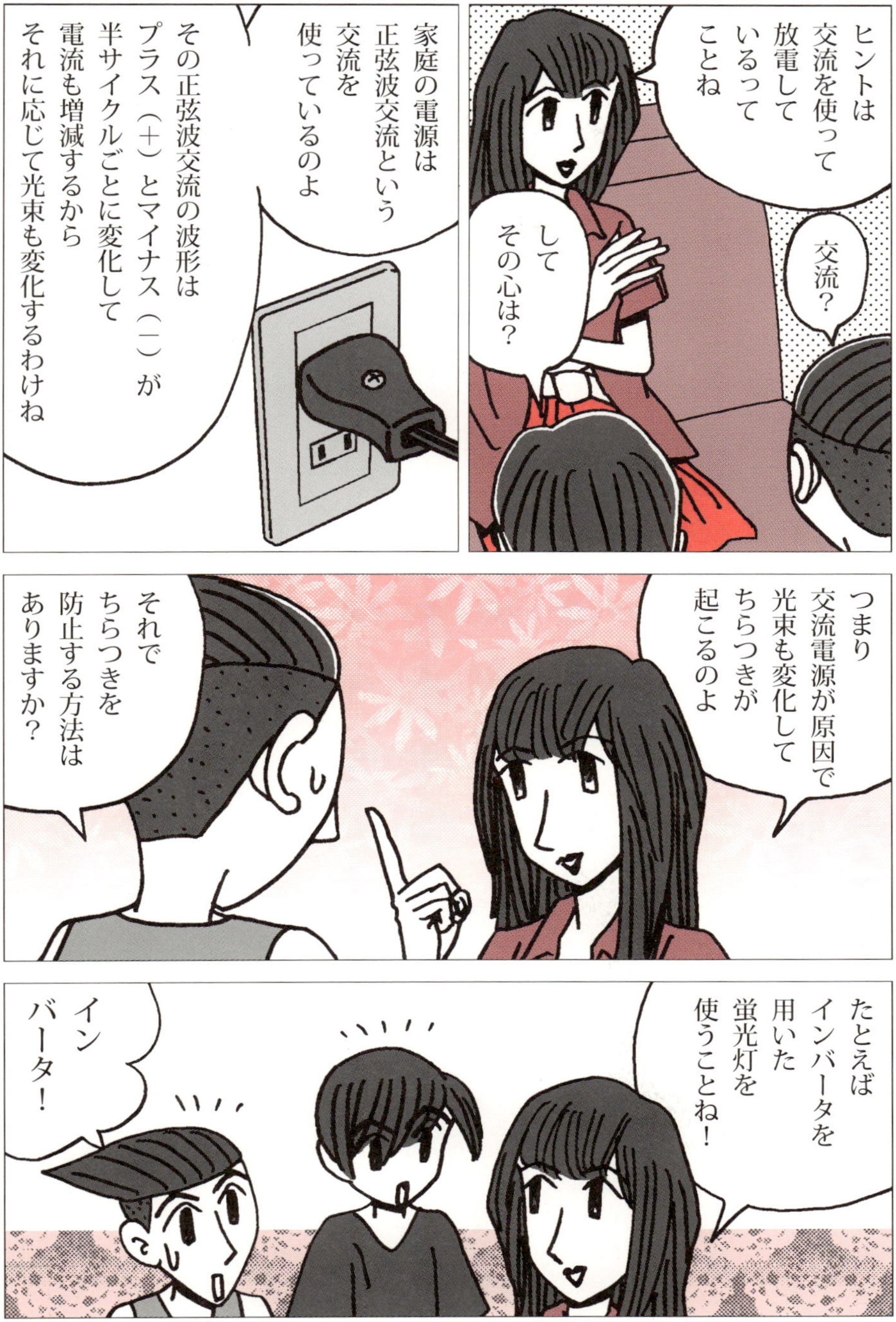

ヒントは交流を使って放電しているってことね
交流？
してその心は？
家庭の電源は正弦波交流という交流を使っているのよ
その正弦波交流の波形はプラス（＋）とマイナス（－）が半サイクルごとに変化して電流も増減するからそれに応じて光束も変化するわけね
つまり交流電源が原因で光束も変化してちらつきが起こるのよ
それでちらつきを防止する方法はありますか？
たとえばインバータを用いた蛍光灯を使うことね！
インバータ！

あれ！インバータって聞いたことあるよ
インバータ インバータ…
たしかテレビのCMでやってたな！
インバータは直流を交流に変換する装置よ
蛍光灯の場合はいったん電源の交流を直流に（整流）してからこの直流をちらつきの少ない高周波に変換します
だから*ちらつきがなくなるんだ！
へぇ〜
そういうことね！

*正確には、ちらつきがなくなるのではなく、光束の変化が速いために、ちらつきを感じなくなるということです。

▸77◂
（4）蛍光灯

なるほど！そういうことなんだ…
蛍光灯ってちらつきが極端になって点いたり点かなくなると寿命ですよね？
点灯時間の経過とともに劣化すると考えた方がいいわね
蛍光物質の劣化や電極物質の飛散によって蛍光管の内壁が黒化して光束が低下してくるわ
そうなると寿命が近いってことね

Ⓟチェックポイント

- 蛍光管内には、少しの水銀とアルゴンガスなどが封入されています。
- 蛍光灯を安定して点灯し続けるために、回路に安定器を組み込んであります。
- 放電電流が流れると、磁気漏れ変圧器によって電圧降下が大きくなります。
- インバータは直流を交流に変換する装置です。

(5) その他の光源
他にはどんな光源があるんですか?
HIDランプといって水銀灯やメタルハライド灯高圧ナトリウム灯などがあるわよ
いずれも省エネ光源として広く利用されているわ

HID ランプは高輝度放電灯のことです。

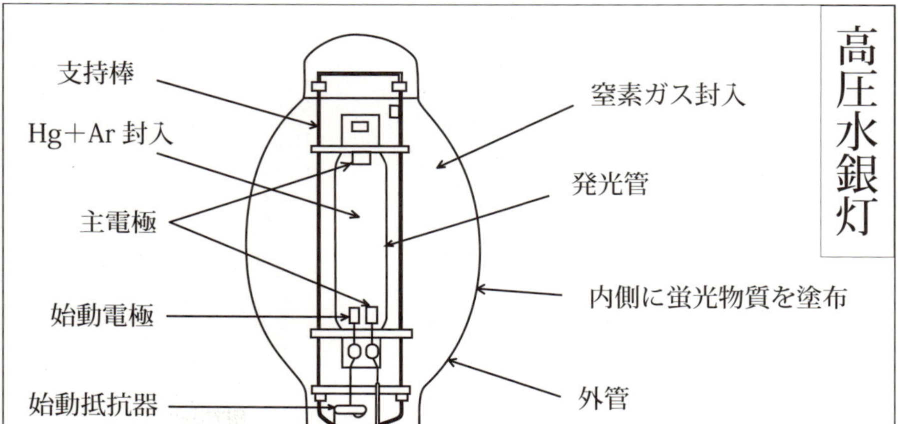
高圧水銀灯
支持棒
Hg＋Ar 封入
主電極
始動電極
始動抵抗器
口金
窒素ガス封入
発光管
内側に蛍光物質を塗布
外管

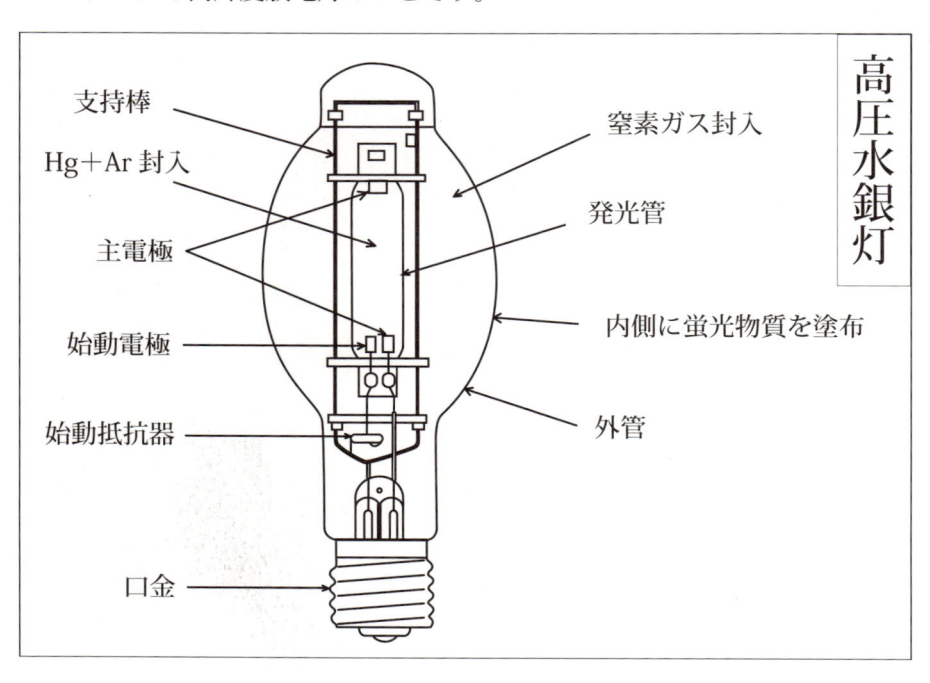

水銀灯って
聞いたこと
ある？
な
なんとなく
聞いたことが
あるような…
ぼくも…
一般に　水銀灯と
呼ばれているのは
高圧水銀灯の
ことなのよ
そして
その高圧水銀灯には
2種類あって…

ひとつは
外管が透明ガラスで
発光管から出る
水銀スペクトルだけを
利用する水銀灯！
もうひとつは　発光管から出た
365nmの紫外線放射を
外管の内面に塗った蛍光物質で
赤色光に近い波長に変える
蛍光水銀灯よ！

水銀灯は青白い色で、見た目が奇麗ではないので、一般的には蛍光水銀灯が広く使われています。

あ！思い出した！
そういえば学校の体育館の天井の照明…
あれたしか水銀灯だったと思うよ！
そうか！そうだな！
点くまでに時間がかかるし一度消して再点灯するときやたらと時間がかかる照明だよな
そう！それが水銀灯よ！
一度スイッチを切ると再点灯するまでに10分くらいかかるのよね

81
（5）その他の光源

［水銀灯が消灯後すぐに再始動できず 10 分くらいかかる理由］

消灯直後は水銀蒸気圧が高いために、放電を開始するのに必要な電圧が高くなり、より高い電圧をかけなければ、放電が生じないからです。つまり、放電が生じて蒸気圧が下がるまでの時間が、およそ 10 分ということです。

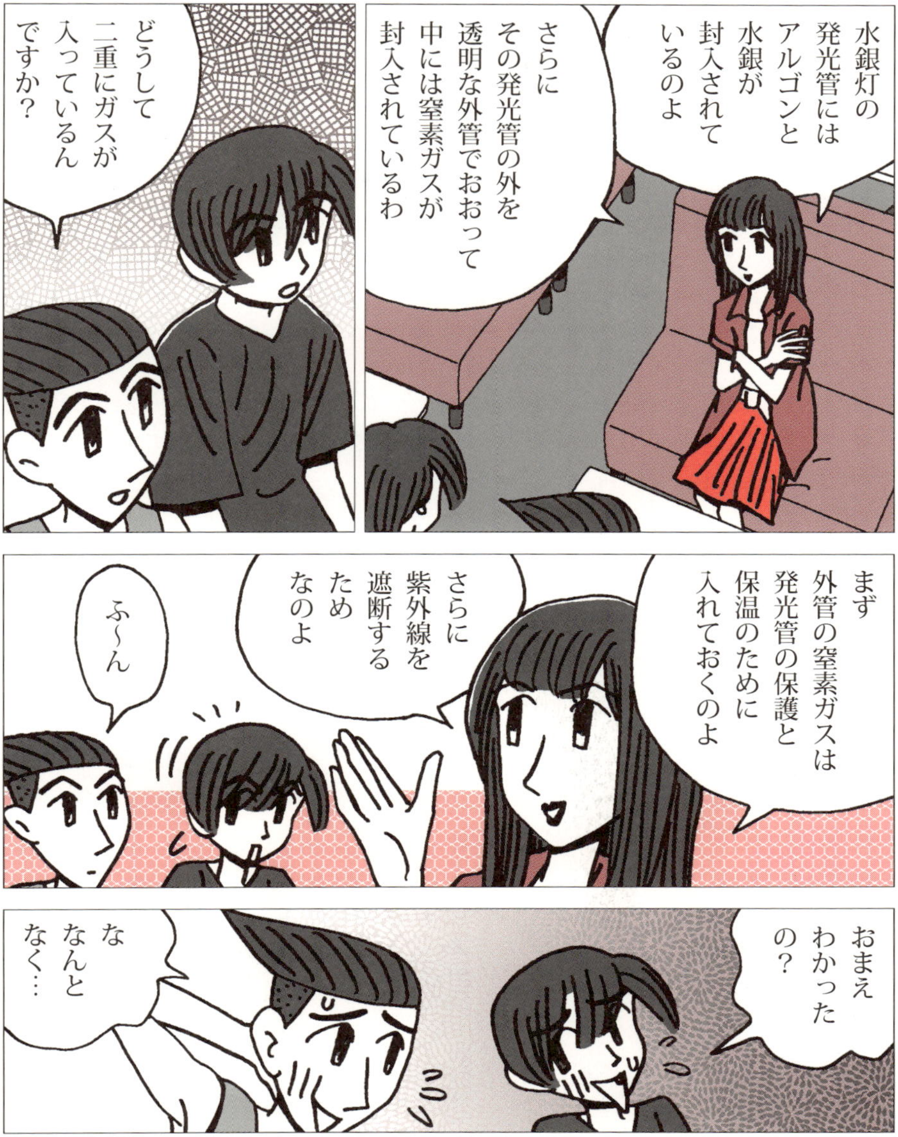
水銀灯の発光管にはアルゴンと水銀が封入されているのよ
さらにその発光管の外を透明な外管でおおって中には窒素ガスが封入されているわ
どうして二重にガスが入っているんですか？
まず外管の窒素ガスは発光管の保護と保温のために入れておくのよ
さらに紫外線を遮断するためなのよ
ふ〜ん
おまえわかったの？
ななんとなく…

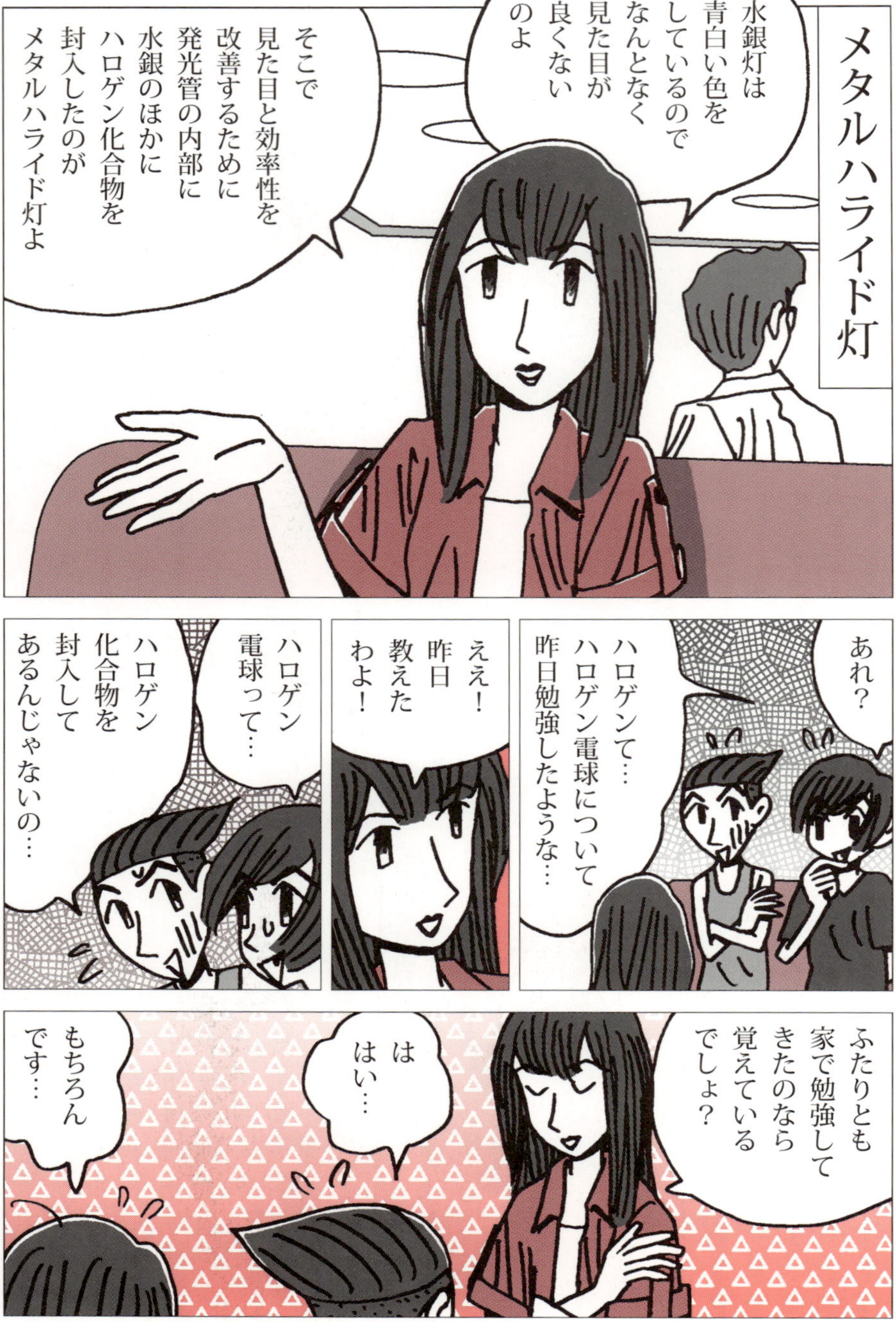
メタルハライド灯
水銀灯は青白い色をしているのでなんとなく見た目が良くないのよ
そこで見た目と効率性を改善するために発光管の内部に水銀のほかにハロゲン化合物を封入したのがメタルハライド灯よ
あれ？
ハロゲンて…ハロゲン電球について昨日勉強したような…
ええ！昨日教えたわよ！
ハロゲン電球って…
ハロゲン化合物を封入してあるんじゃないの…
ふたりとも家で勉強してきたのなら覚えているでしょ？
は　はい…
もちろんです…

こいつら勉強してこなかったな…
ったくぅ〜
ハロゲン元素は温度が低いバルブ付近でタングステンと化合するのよ
しかも化合したタングステンは温度の高いフィラメント付近で分解されフィラメント上に放出するの
これは 化合と分解 両方による効果です！
わかった？
はい
わかりました…
よろしい！

幼稚園の先生みたい
そうよ わたし 幼稚園の先生なの
それで この子たちが 幼稚園児ね
えぇ〜
ママー あっちに おっきい 幼稚園児さんが いるよー
ヒェ〜
あらぁ じゃあ マミちゃんの お友だちねー
このメタルハライド灯の効率は水銀灯の約1.4倍よ
だから水銀灯に代わって広く利用されるようになったのよ…

高圧ナトリウム灯
高圧ナトリウム灯は高圧水銀灯と似た構造で発光管にはナトリウムと水銀とキセノンガスが封入してあるわ
キセノンガス？
不活性ガスの一種で…
発光効率も良く寿命も長いわ

キセノン灯

キセノン灯は、キセノンガス中での放電を利用しています。光の色が自然な光に近いので、映写用光源や標準白色光源などに利用されています。

低圧ナトリウム灯

低圧ナトリウム蒸気中の放電を利用したのが、低圧ナトリウム灯です。道路照明などに利用されています。

ネオン管

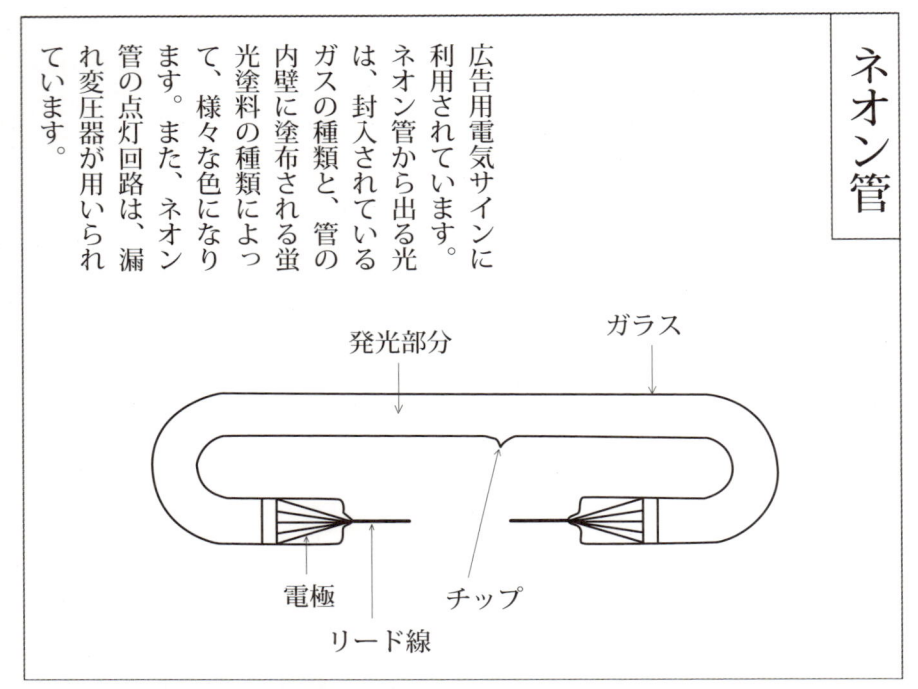

広告用電気サインに利用されています。ネオン管から出る光は、封入されているガスの種類と、管の内壁に塗布される蛍光塗料の種類によって、様々な色になります。また、ネオン管の点灯回路は、漏れ変圧器が用いられています。

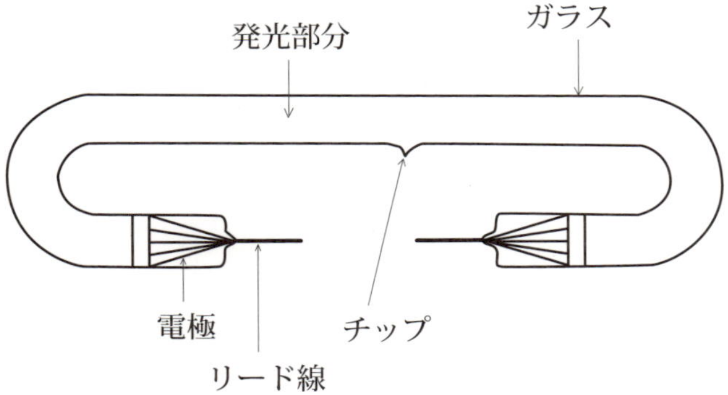

チェックポイント

高圧水銀灯の発光管にはアルゴンと水銀が封入されています。さらに、発光管の外を透明な外管でおおって窒素ガスが封入されています。
メタルハライド灯の効率は、水銀灯の約 1.4 倍です。

第二章　電熱

(1)電熱の発生

政府の要請により、２０１０年末までに各電機メーカーは電力消費の多い白熱電球の生産と販売を、自主的にやめることになるでしょう。
これにより、白熱電球からＬＥＤ電球に移行していくことになりますが、基本的な論理の必要性から、白熱電球について紹介しました。
電流を電熱線に流すか、アークの形で流すなどの方法によって生じさせる熱を「電熱」といいます。
また、電気加熱を行う装置、器具または加熱手段を簡単に「電熱」ということもあります。

何か食べる？
おごるわよ
追試まで、あと2日。
じゃあおれはハンバーグ定食！
おれは日替わり定食…

さあ！やるわよ！
ええ〜休みなしですかぁ？
当然でしょ！
追試が終わるまでがんばりなさい！
はは　はい…
だよね…

89
（1）電熱の発生

抵抗線に電流が流れるとジュール熱が発生する！
このことをよく覚えておいてね！
はい！
はい！
そして電熱を加熱方式で分類すると…
たとえば抵抗加熱やアーク加熱誘導加熱誘電加熱などに分類できるわよ
抵抗加熱
アーク加熱
誘導加熱
誘電加熱
この抵抗加熱はジュール熱を利用しているのよ

抵抗加熱

抵抗 R〔Ω〕に I〔A〕の電流が流れ、P〔W〕の電力を消費すると、t 秒間に発生する熱量 Q〔J〕は、次の式で示されます。

$$Q = I^2Rt = Pt \text{〔J〕}$$

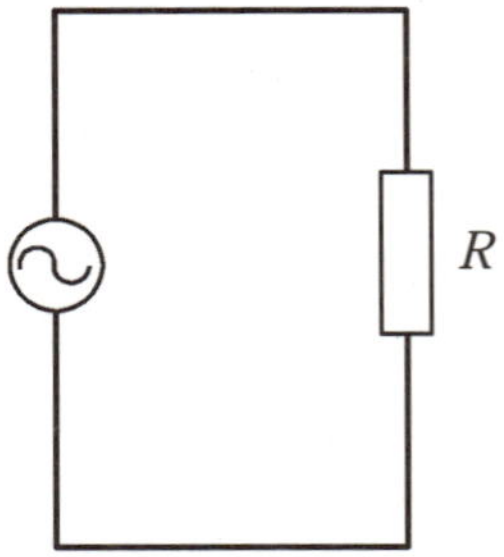
R

このように
ある物体を加熱すると
物体の温度は
与えられた熱量に比例して
上昇するわよ
熱量…

$$\theta = \frac{1}{C}Q$$

その場合の
温度の上昇θは
次の式で
表されます

熱容量 C は、物体の温度を 1 ℃上昇させるために必要な熱量です。

91
(1) 電熱の発生

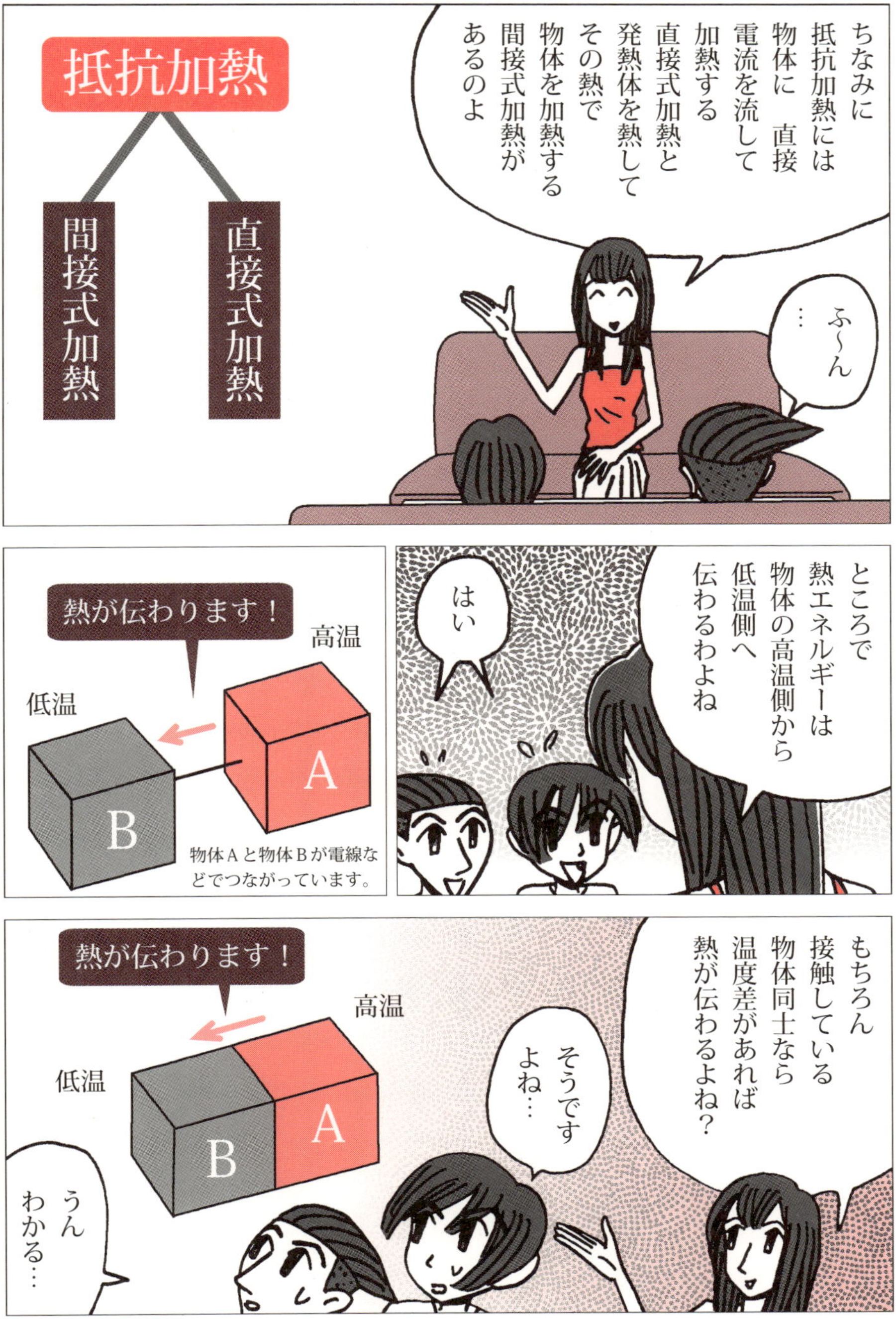

ちなみに抵抗加熱には物体に　直接電流を流して加熱する直接式加熱と発熱体を熱してその熱で物体を加熱する間接式加熱があるのよ
ふ〜ん…
抵抗加熱
直接式加熱
間接式加熱
ところで熱エネルギーは物体の高温側から低温側へ伝わるわよね
はい
熱が伝わります！
高温
低温
A
B
物体Aと物体Bが電線などでつながっています。
もちろん接触している物体同士なら温度差があれば熱が伝わるよね？
そうですよね…
うんわかる…
熱が伝わります！
高温
低温
A
B

このような現象を熱伝導といい…
単位時間に流れる熱量を熱流というのよ！
熱伝導
熱流

熱伝導！
熱流！

物体の高温側の温度をθ_1、低温側の温度をθ_2とすると、熱流Φ〔W〕は以下の式で求められます。

$$\Phi = \frac{\theta_1 - \theta_2}{R_T} = \frac{\theta}{R_T}$$

θ〔℃〕は物体の温度差です。また、R_T〔℃/W〕は熱抵抗といいます。

舞子先生！熱流って電流に似てませんか？
熱抵抗だって抵抗に似てるじゃないですか…

そ そう言われてみると…
だろ！
真矢君よく気が付いたわね
よくわかったなあ〜
その通りよ
いえぃ！
たしかに熱の伝わり方って電気の伝わり方とよく似ているのよ
んじゃあ電圧は？
たぶん熱伝導でいえば電圧は温度差じゃねーの？
な なるほどな…！
そういうことです！
コク

ところでふたりとも元旦には初詣に行くんでしょ？
行きますよ
近くの神社ですけど…
おれたちいつも一緒に行くよな
ああ…
初詣に行くと神社で古い絵馬などを焚いたりしてるでしょ
燃えてる炎に近寄ると顔が熱くなるわよね

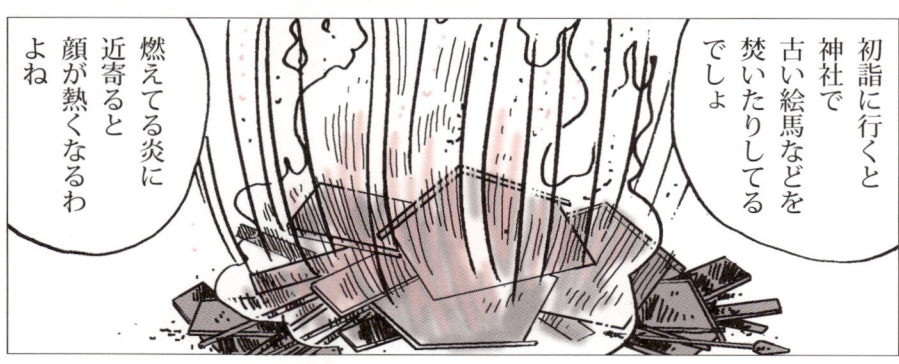

なるなる
そばに寄っただけで熱くなっちゃう
寒いときは暖まっていいけど炎に近寄るとすげぇ熱いよな～
あれってやっぱり熱伝導ですか？
ちょっと違うのよ
その場合直接　炎には触れていないから熱伝導とは呼ばないのよ
物体を介さずに伝わる熱の移動ということで
熱放射というのよ
熱放射！

熱放射は熱媒体を必要としないので空気中だけでなく真空中でも熱を伝達できるのよ
すべての物体は、その保有する絶対温度の４乗に比例した強さの放射エネルギーを出します。
室内で考えた場合…
暖かい空気
冷たい空気
（室内）
温かい空気はお部屋の上へそして冷たい空気は下にくるわよね
わかります夏なんか二階の暑さは一階の比じゃないもんね
暑すぎて…
あちぃぃ〜
逆に　冬は二階の方が温かいよね
さむいぃ〜

97
（1）電熱の発生

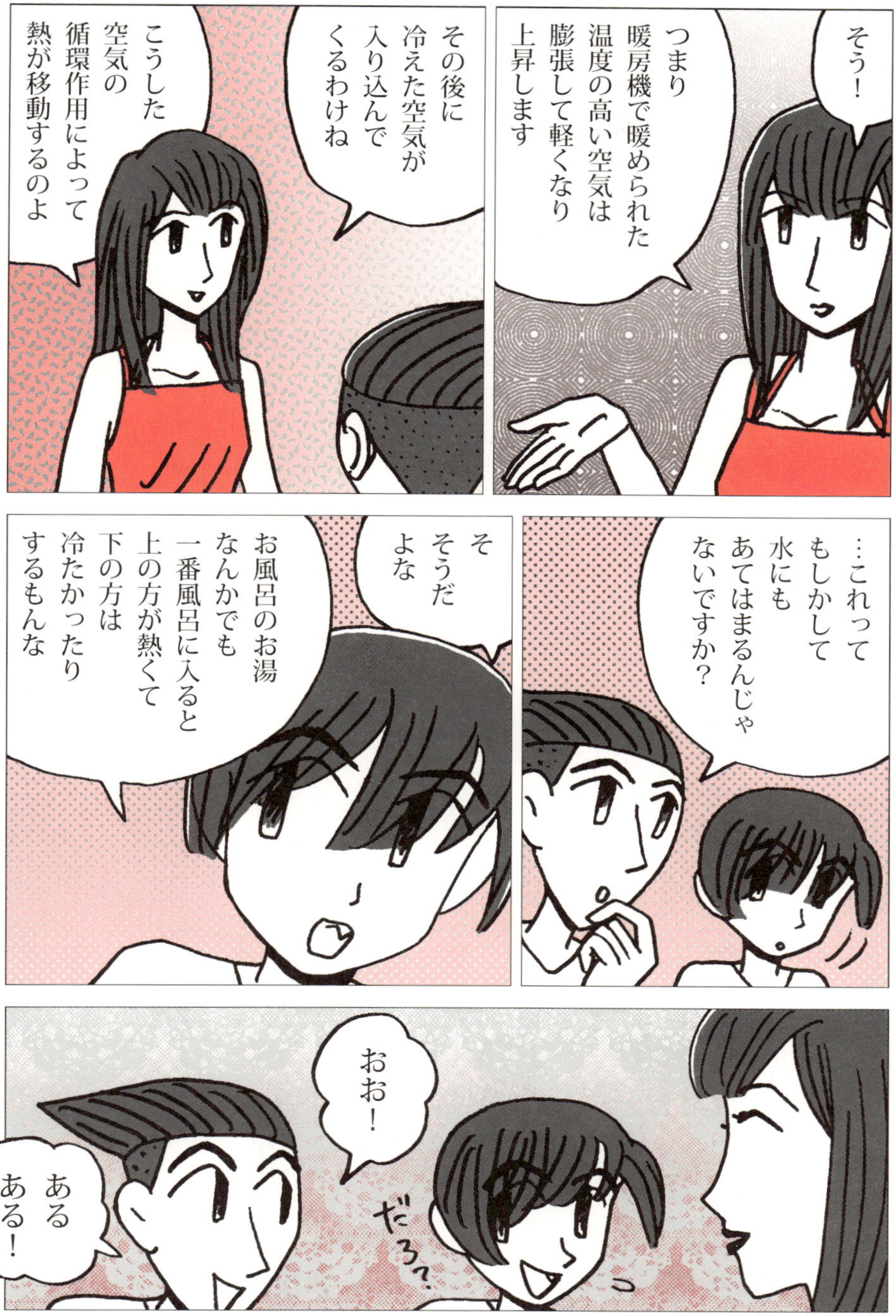
そう！
つまり暖房機で暖められた温度の高い空気は膨張して軽くなり上昇します
その後に冷えた空気が入り込んでくるわけね
こうした空気の循環作用によって熱が移動するのよ
…これってもしかして水にもあてはまるんじゃないですか？
そ そうだよな
お風呂のお湯なんかでも一番風呂に入ると上の方が熱くて下の方は冷たかったりするもんな
おお！
だろ？
あるある！

そうよね
空気や水などのように流体の運動によって熱が移動する現象を対流というのよ！

わかりました！
納得！

チェックポイント

・直接式加熱は、物体に直接電流を流して加熱します。
・間接式加熱は、発熱体の発する熱で物体を加熱します。

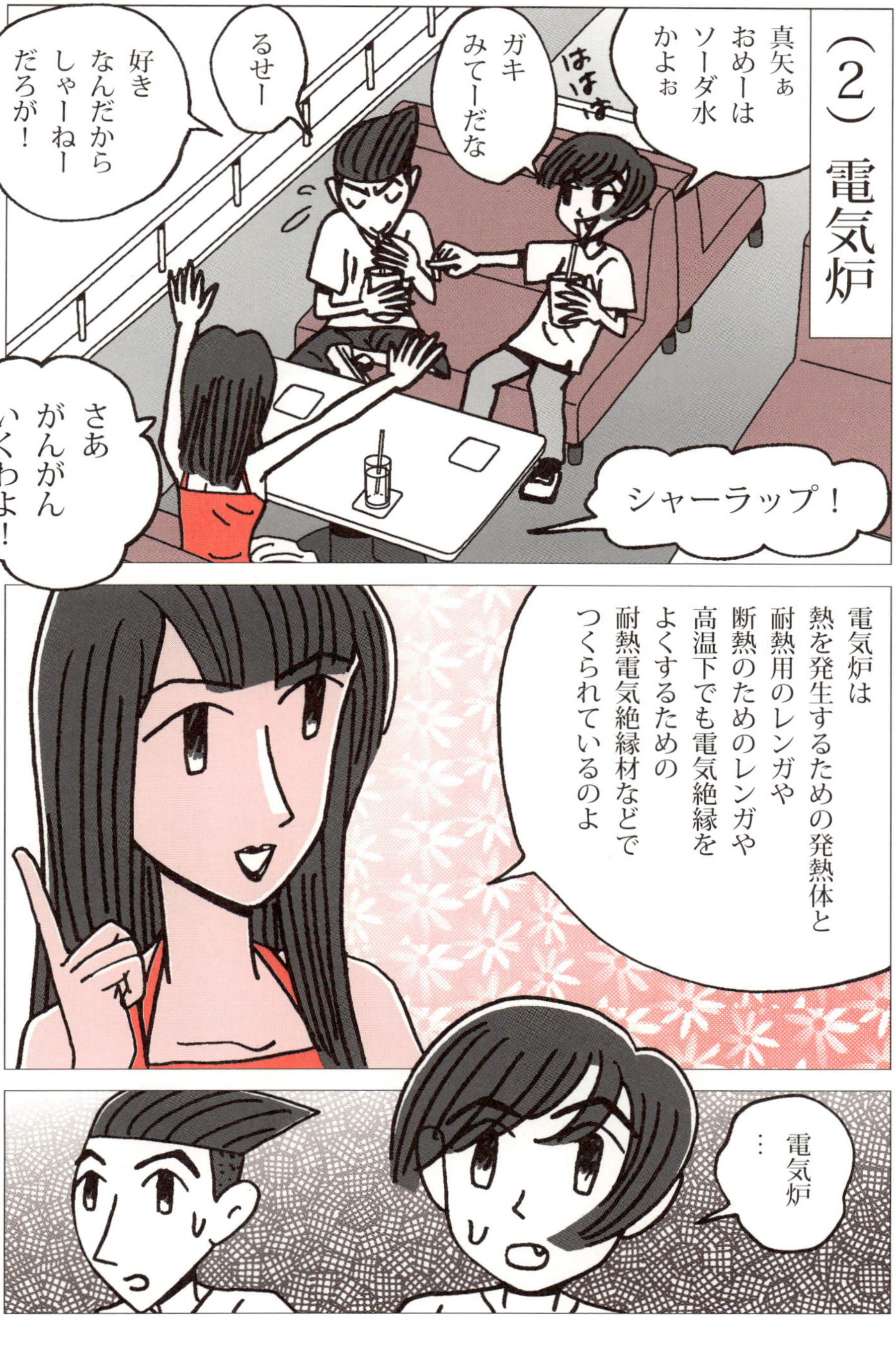
(2) 電気炉
真矢ぁ おめーは ソーダ水 かよぉ
ははは
ガキ みてーだな
るせー
好き なんだから しゃーねー だろが！
シャーラップ！
さあ がんがん いくわよ！
電気炉は 熱を発生するための発熱体と 耐熱用のレンガや 断熱のためのレンガや 高温下でも電気絶縁を よくするための 耐熱電気絶縁材などで つくられているのよ
電気炉…

こうした材料を電熱材料と呼んでいるわよ！
あの…
電気炉って何ですか？
たとえば電熱装置が家電製品だけでなく工業用にも利用されているように…
電気炉もそうした目的で利用されているのよ
へえ～
金属工業や化学工業窯業　機械工業などでは鉄などの材料を溶解したり熱処理したりする作業が必要でしょ
そうした作業には炉と呼ばれるものが用いられるのよ
炉？

101
（2）電気炉

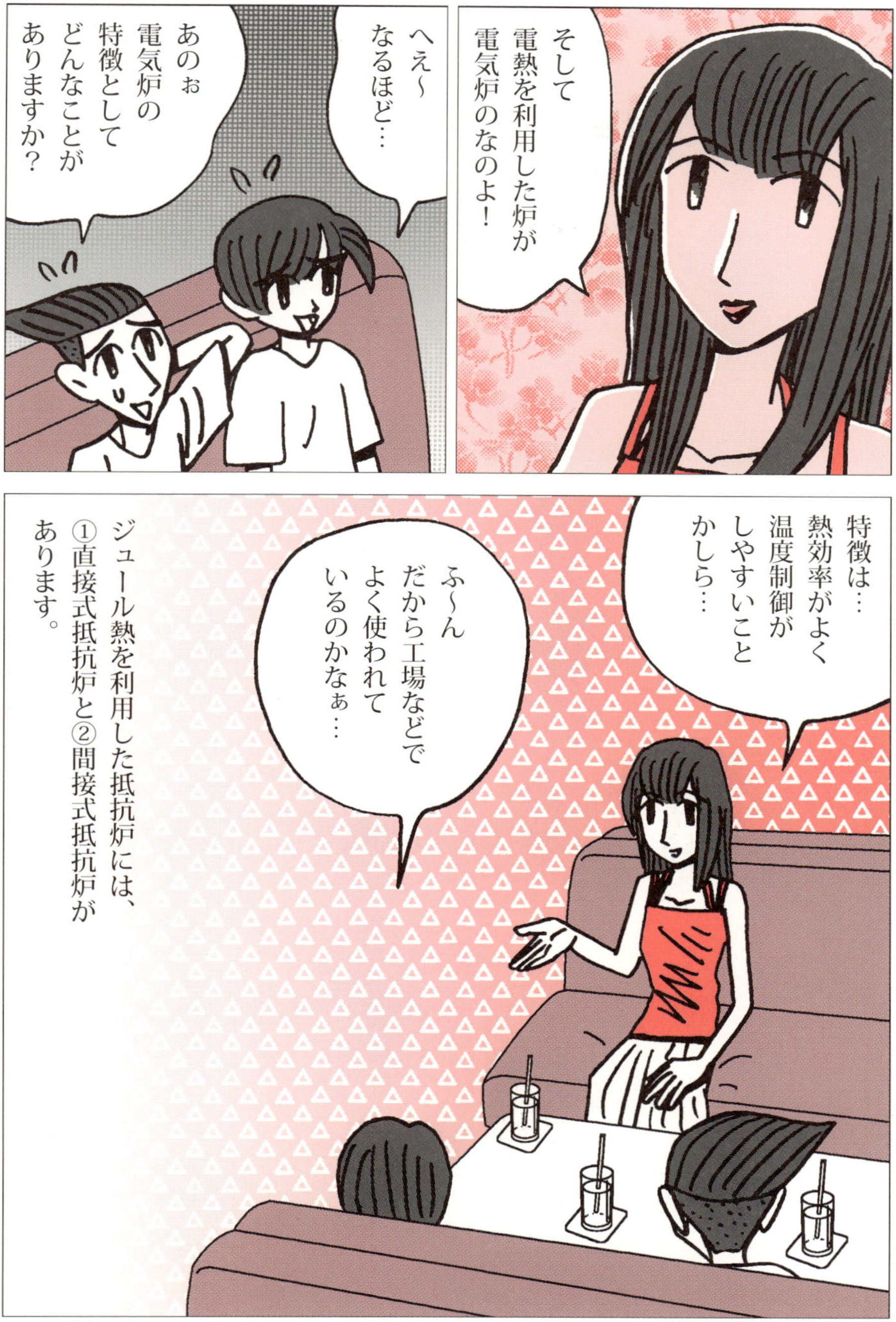

そして電熱を利用した炉が電気炉のなのよ！
へえ～なるほど…
あのぉ電気炉の特徴としてどんなことがありますか？
特徴は…熱効率がよく温度制御がしやすいことかしら…
ふ～んだから工場などでよく使われているのかなぁ…
ジュール熱を利用した抵抗炉には、①直接式抵抗炉と②間接式抵抗炉があります。

①直接式抵抗炉
この電気炉は被加熱物に直接電流を流して加熱する方法よ

被加熱物の中で熱エネルギーが発生するために加熱効率が良いのが特徴ね
ただし被加熱物が導電性であることが必要条件なので用途が限られてくるわね

これが黒鉛電極を製造するための黒鉛化炉の構造よ！
変圧器
耐火レンガ側壁
炭素焼成品
コークス粉
黒鉛電極
黒鉛化炉…

両端から黒鉛電極が差し込まれていて…
その電極間に電圧を加えるとコークスと被加熱物の炭素焼成品を通じて電流が流れて発熱する仕組みなのよ
大電流
どのくらいの温度になるんですか？
２５００～３０００℃くらいの高温で 無定形炭素を黒鉛の結晶に変化させるのよ
2500℃～ 3000℃
人間なんか溶けちゃうんじゃないの…
たたぶん…
ふたりとも炉の中では跡形もなくなっちゃうわね
ひえええ～
こわぁ～

②間接式抵抗炉
このように発熱体を用いてその熱で被加熱物を加熱する方法が間接式抵抗炉よ
断熱レンガ
耐火レンガ
被加熱物
発熱体
（ニッケルクロム線や炭化けい素）
発熱体…

［発熱体とは］

発熱体には、金属発熱体と非金属発熱体があります。 発熱体には、以下のような性質が望まれます。

① 適当な抵抗率で、温度係数があまり大きくないこと。

② 使用温度に耐えられるだけの耐熱性があること。

③ 化学的に安定していること。

④ 発熱の際に有害ガスを発生しないこと。

間接式抵抗炉は被加熱物に 直接電流を流さないで間接的に加熱するわけね
そーか! だから間接式なんだ

105

(2) 電気炉

そう！
直接式抵抗炉は直接　電流を流していたでしょ
なるほどわかりやすいや！
ところで発熱体にはどんなものが用いられるんですか？
たとえば金属発熱体にはニッケルクロム線が…
非金属発熱体には炭化ケイ素が用いられるわよ
金属発熱体には：ニッケルクロム線
非金属発熱体には：炭化ケイ素
それって家電製品にはどのように利用されているのかなぁ？
家電製品のほとんどは間接式加熱で密閉形発熱体ね
密閉形発熱体…

密閉形発熱体には
発熱コイルを
石英管におさめたものや
雲母で絶縁して
金属さやにおさめた
スペースヒータ…
また
保護管におさめ
その間を絶縁した
シーズワイヤなどが
あるわね

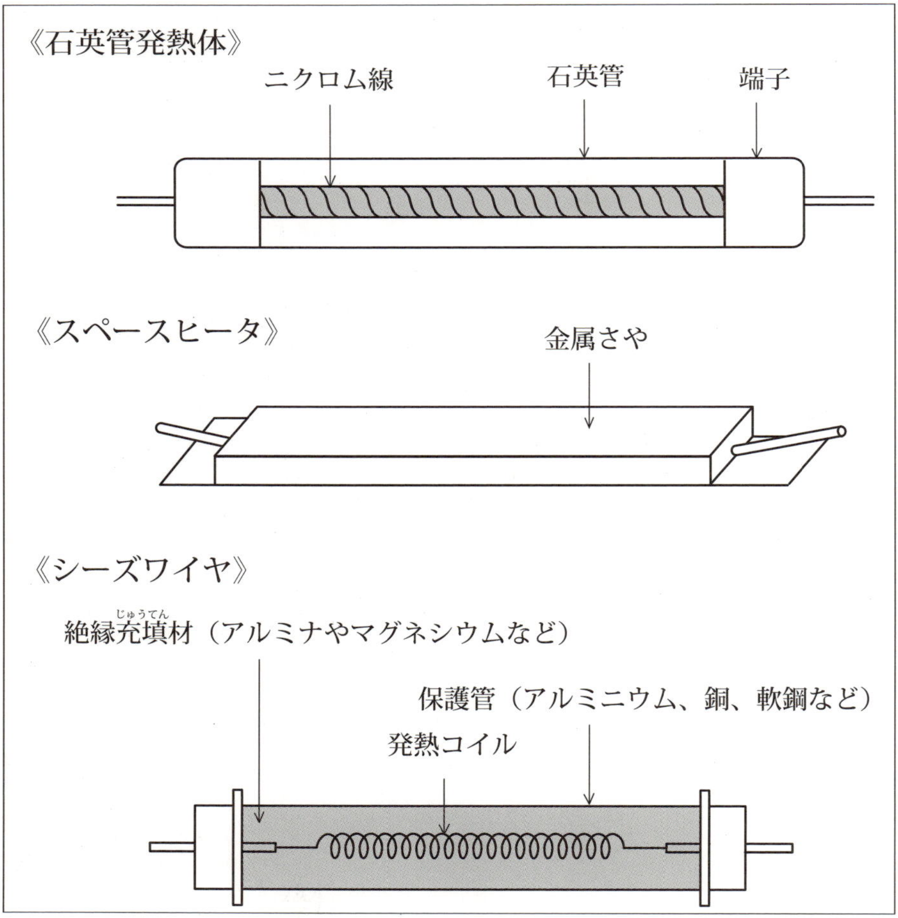
《石英管発熱体》
ニクロム線
石英管
端子
《スペースヒータ》
金属さや
《シーズワイヤ》
絶縁充填《じゅうてん》材（アルミナやマグネシウムなど）
保護管（アルミニウム、銅、軟鋼など）
発熱コイル

107
(2) 電気炉

どんな製品に使われているんだろ？
トースターや電気ストーブとかかなぁ…
たぶん家庭用の鉄板焼き器なんかもそうだよね…
そうよ！
他にもたくさんあるわよ…
Joy's

チェックポイント

・電気炉は、発熱体と耐熱用のレンガ、断熱のためのレンガ、高温下でも電気絶縁をよくするための耐熱電気絶縁材などでつくられています。

・ジュール熱を利用した抵抗炉には、直接式抵抗炉と間接式抵抗炉があります。

（3）アーク加熱

二つの黒鉛電極で図のような閉回路を作ったとするわね
黒鉛電極
電源

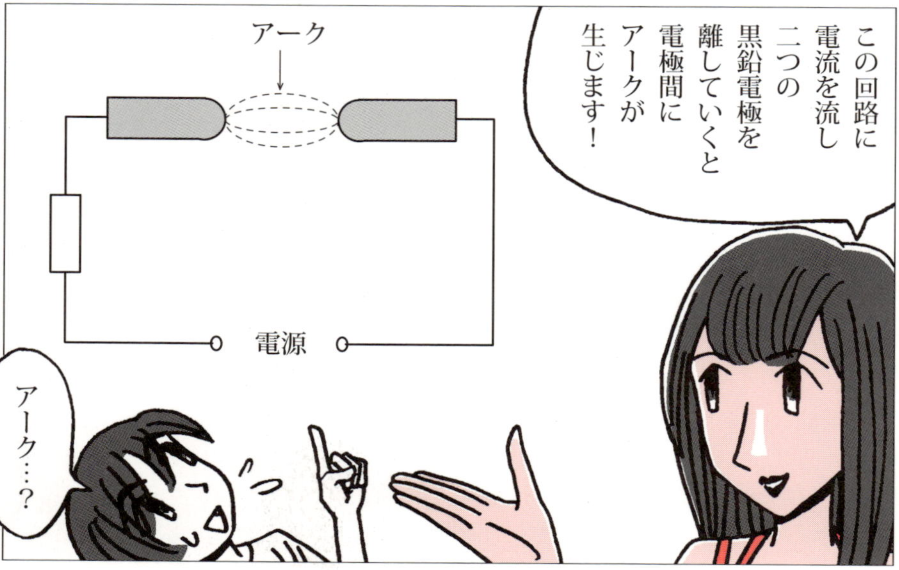
この回路に電流を流し二つの黒鉛電極を離していくと電極間にアークが生じます！
アーク
電源
アーク…？

109
(3) アーク加熱

アークとは、放電灯で電極間にできた輝く部分のことで、アーク（円弧、弓形）状になっていることから「アーク」と呼ばれています。

つまり二つの黒鉛電極を離していくと電極間に与えられた強い電界によってアークが生じるのよ
それでどうなるんですか？

離れた黒鉛電極の間に生じたこのアークによって電流が流れ回路の電流は持続されることになるわ
なるほど…

そしてアークの部分で強い光と高熱が発生するのよ
こうして発生した熱を利用したのがアーク加熱なわけね！
さらに…

アーク加熱を利用した炉をアーク炉と呼んでいるわ！
アーク加熱！
アーク炉！

《アーク加熱の方式》

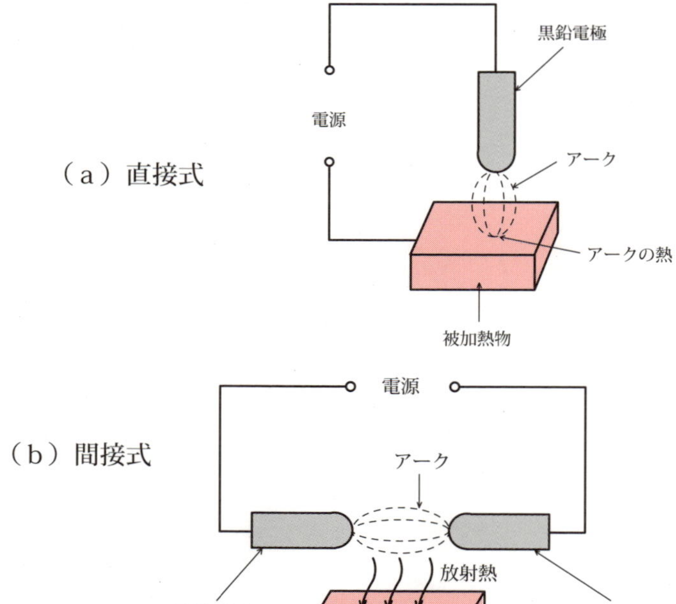
（a）直接式
電源
黒鉛電極
アーク
アークの熱
被加熱物
（b）間接式
電源
アーク
放射熱
黒鉛電極
黒鉛電極
被加熱物

アーク加熱には、①直接式と②間接式があります。①直接式は、電極の一方が被加熱物で、②間接式は、被加熱物がアークの熱を受けて加熱されます。

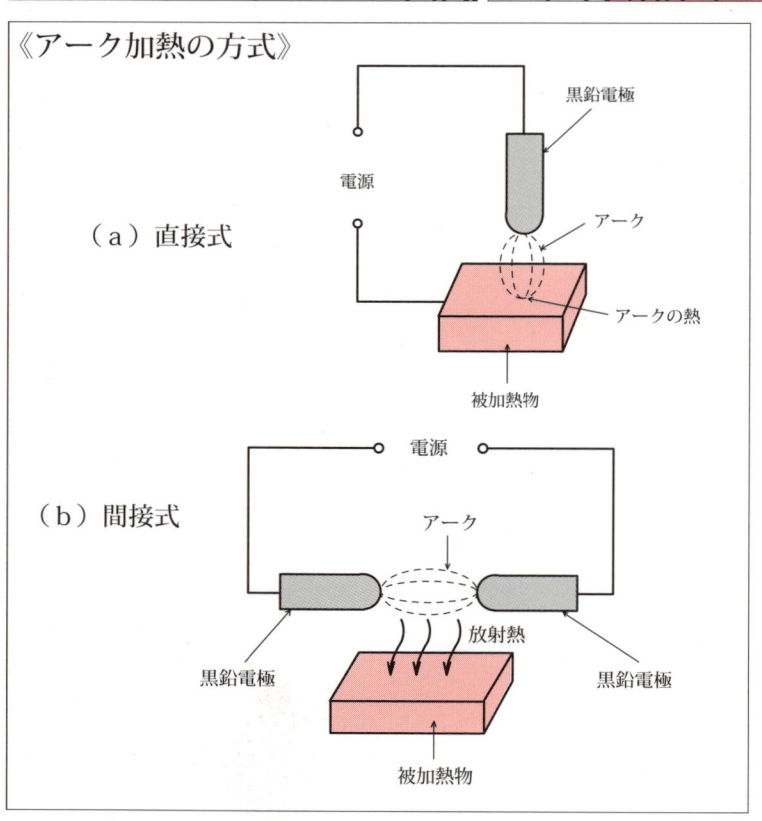

①直接式アーク炉
アーク加熱を利用したアーク炉でアーク電流が被加熱物の中を流れるのが直接式アーク炉よ
ふ～ん…

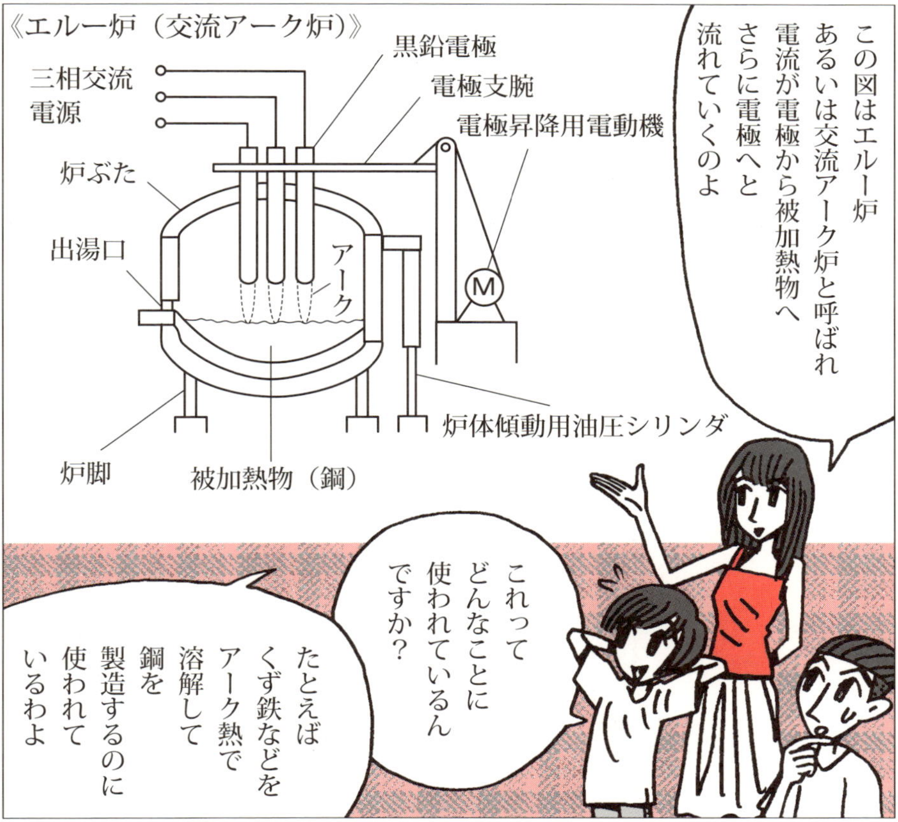
この図はエルー炉あるいは交流アーク炉と呼ばれ電流が電極から被加熱物へさらに電極へと流れていくのよ
《エルー炉（交流アーク炉）》
三相交流電源
黒鉛電極
電極支腕
電極昇降用電動機
炉ぶた
出湯口
アーク
M
炉体傾動用油圧シリンダ
炉脚
被加熱物（鋼）
これってどんなことに使われているんですか？
たとえばくず鉄などをアーク熱で溶解して鋼を製造するのに使われているわよ

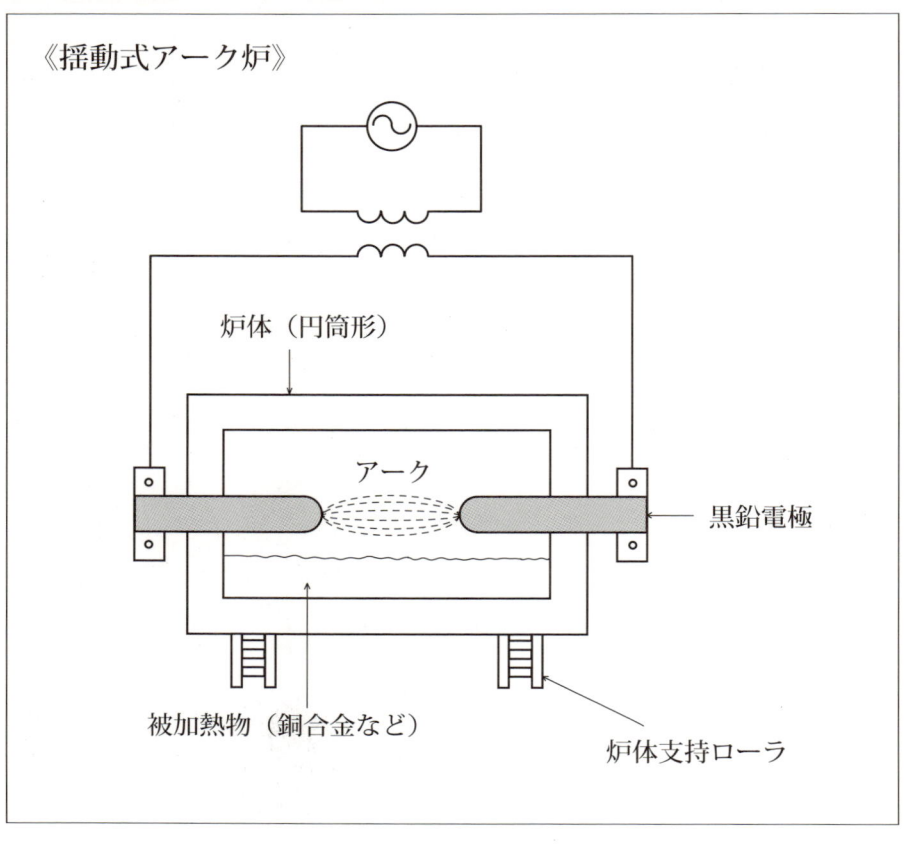

②間接式アーク炉
間接式アーク炉は直接式とは異なってアーク電流が被加熱物の中を流れないようになっているのよ
さらに銅やその合金の溶解用に使用されるのが揺動式アーク炉と呼ばれるものよ…

《揺動式アーク炉》

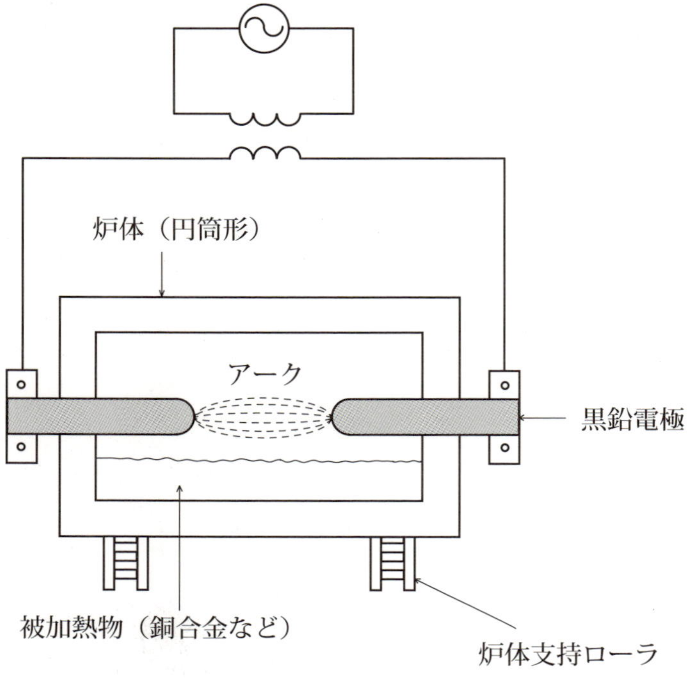
炉体（円筒形）
アーク
黒鉛電極
被加熱物（銅合金など）
炉体支持ローラ

113
(3) アーク加熱

いったい どんな構造に なっているのか なぁ…？

向かい合った 2本の黒鉛電極に 発生した アーク熱で 間接的に 被加熱物を 加熱溶解する という構造に なっているのよ
へえ～
Joy's
Joy's
Joy's

P チェックポイント

・二つの黒鉛電極を離していくと、電極間にアークが発生します。
・生じたアークによって電極間に電流が流れ、回路の電流は持続されます。
・アークの部分で強い光と高熱が発生し、この熱を利用したのがアーク加熱です。

（4）誘導加熱
いよいよ明日ね
追試！
はい
今日一日で一学期分の試験範囲はカバーできるわ
恩にきます
じゃあさっそく昨日の続き…
いくわよ！
はい！

115
（4）誘導加熱

金属棒
このように金属棒を交流電源が接続されたコイルの中に置くとどうなるかしら？
さ さあ…
ど どうなるんですか？

電磁誘導によって金属棒の中に渦電流が発生します！
渦電流！

渦電流とは、アルミニウムなどの金属板を強い磁界内で動かしたり、金属板近くの磁界を急激に変化させたときに、電磁誘導効果によって金属内で生じる渦状の電流のことです。

この渦電流によってジュール熱が発生するのよ
ところでふたりとも電流が流れると熱が発生することは知ってるわよね？
じゃあここでしっかりと覚えておくこと！
はい！
はい！

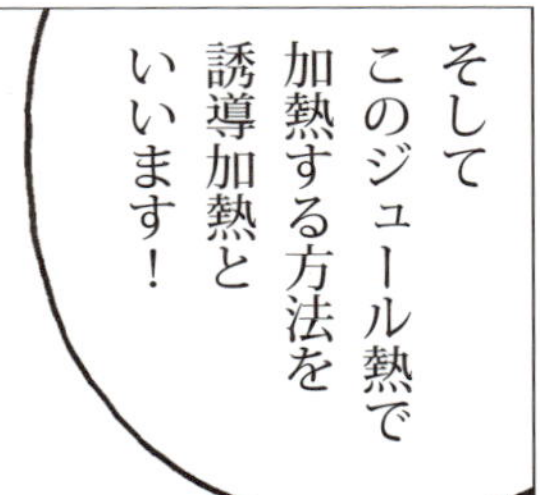
そしてこのジュール熱で加熱する方法を誘導加熱といいます！

《誘導加熱の原理》

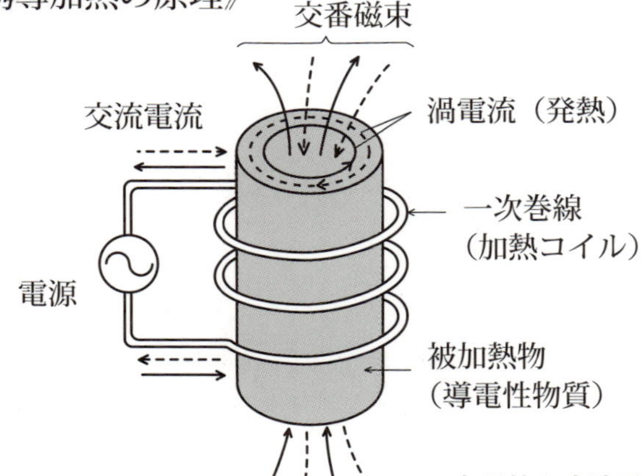
交番磁束
渦電流（発熱）
交流電流
一次巻線
（加熱コイル）
電源
被加熱物
（導電性物質）

金属棒を交流電源に接続されたコイルの中に置くと、電磁誘導によって金属棒内に渦電流が発生します。
この渦電流によるジュール熱で加熱する方法が誘導加熱です。

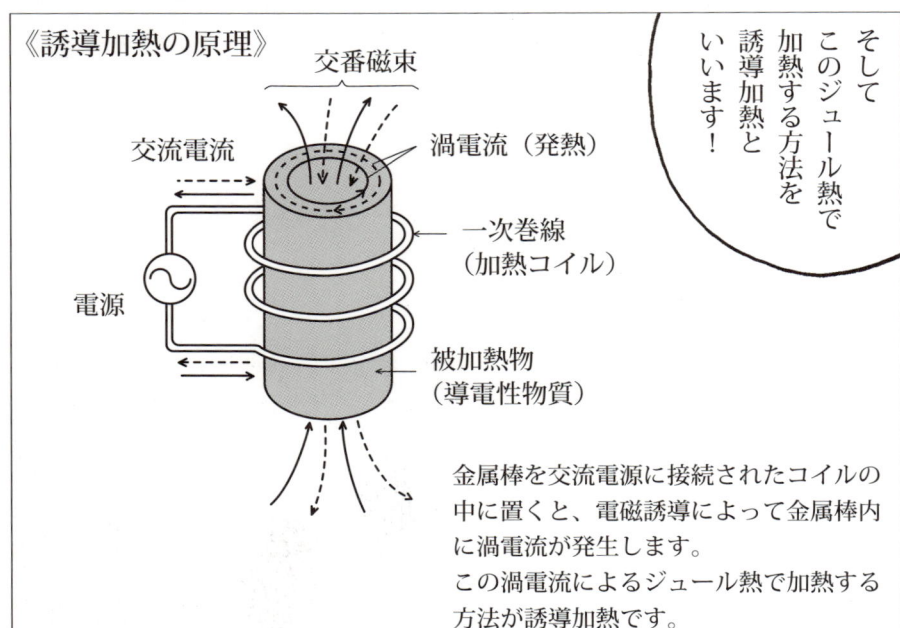

117
(4) 誘導加熱

図のように コイルの中の金属棒が 被加熱物となって 誘導加熱される方式が 直接加熱方式よ
この場合 被加熱物は 導電体でなければ ダメよ
被加熱物（導電体）
（a）直接式
じゃあ　仮に 被加熱物が 絶縁体なら？
その場合は 次のように 間接加熱方式を 用いるわ
この方法は 導電性の容器に 被加熱物を入れ 容器を 誘導加熱するのよ
そして　その熱の 放射によって 被加熱物を間接的に 加熱するわ
導電性容器
被加熱物（絶縁体）
（b）間接式
熱の放射

なるほど
だから間接加熱方式なんですね
そういうことね

誘導加熱装置には、低周波誘導炉や高周波誘導炉、高周波焼き入れ装置などがあります。

誘導加熱はどんなところで利用されているんですか？
家電製品だと電磁調理器や電磁加熱炊飯器などに使われているわよ
へ～そうだったんだ…
じゃあ電子レンジは？
電子レンジね…
電子レンジは誘電加熱の一種でマイクロ波加熱を利用したものよ

誘電加熱は高周波で誘電体（絶縁体）を加熱するもので発熱効率の高いマイクロ波を利用したのがマイクロ波加熱と呼ばれるのよ
マイクロ波加熱
マイクロ波加熱か…

このマイクロ波加熱は水分を含んだ食品の加熱に最適で電子レンジに応用されているのよ
な～るほど…

P チェックポイント

- このジュール熱で加熱する方法が誘導加熱です。
- 誘導加熱は電磁調理器や電磁加熱炊飯器などに使われています。
- 電子レンジには、誘電加熱を応用したマイクロ波加熱が利用されています。

（5）電気溶接
電気溶接は知ってる？
それって工場などでやってるよね
青白い光を出すバーナーなんか使ってさー
ああ板金やってる作業場を見たことあるぜ
それはガス溶接でしょ
チッチッ
そうじゃなくて電気のアークを利用した溶接などを電気溶接というのよ
あ　そうなんだ…
ガスじゃなくて電気だよね！
そうよ
電気の勉強してるんだからね
そうでした…

(5) 電気溶接

今話したように…
電気溶接には電気のアークによる熱を利用したアーク溶接や抵抗熱を利用した抵抗溶接などがあるわよ
ガス溶接とはどう違うんですか？
ガスと電気の違いはわかる？
んなもー…
アアホでもわかりまっせ〜
そうよね…
傷つくなぁ〜
高校生の純なハートをもて遊ぶなんて罪なお姉さんだこと…

ガス溶接との大きな違いは…
電気溶接は酸素を必要としないし厚い鉄板の大量溶接が容易だということかしら
酸素が…
必要でない？
ガス溶接は酸素がないとガスが燃えないからできないでしょ
だけど電気溶接は酸素が必要ないから燃焼もせず環境を汚染しないということね
さらに電気による自動制御が簡単にできるから様々な機械類の製作に広く利用されているのよ
なるほど！

123
(5) 電気溶接

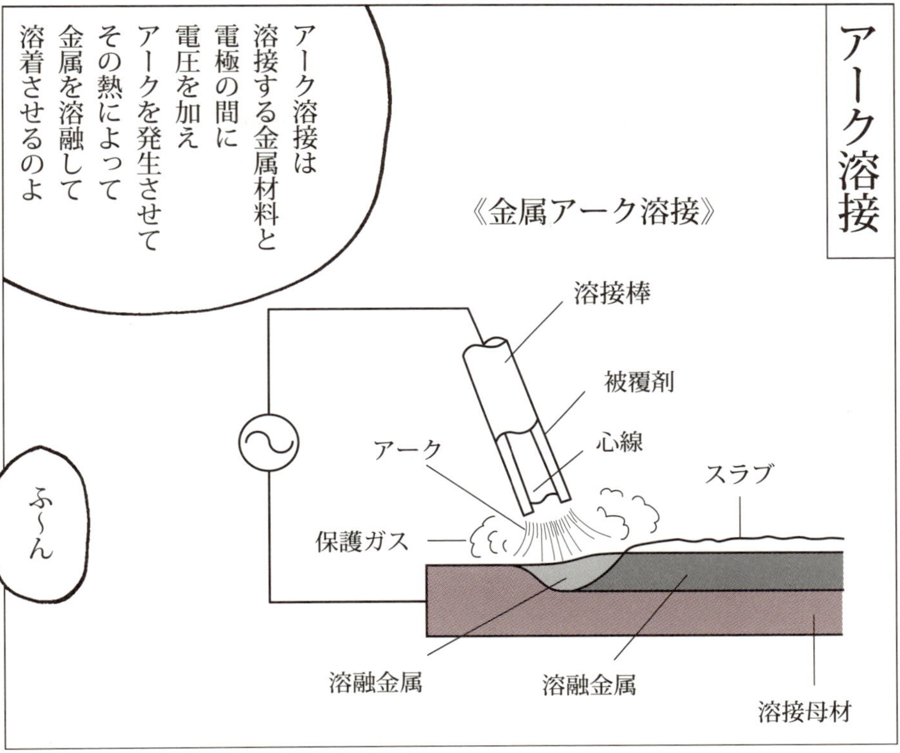
アーク溶接
アーク溶接は
溶接する金属材料と
電極の間に
電圧を加え
アークを発生させて
その熱によって
金属を溶融して
溶着させるのよ
《金属アーク溶接》
溶接棒
被覆剤
心線
アーク
スラブ
保護ガス
溶融金属
溶融金属
溶接母材
ふ～ん

アーク溶接には
アークの
発生方法によって
金属アーク溶接と
炭素アーク溶接が
あるのよ
金属アーク溶接
炭素アーク溶接

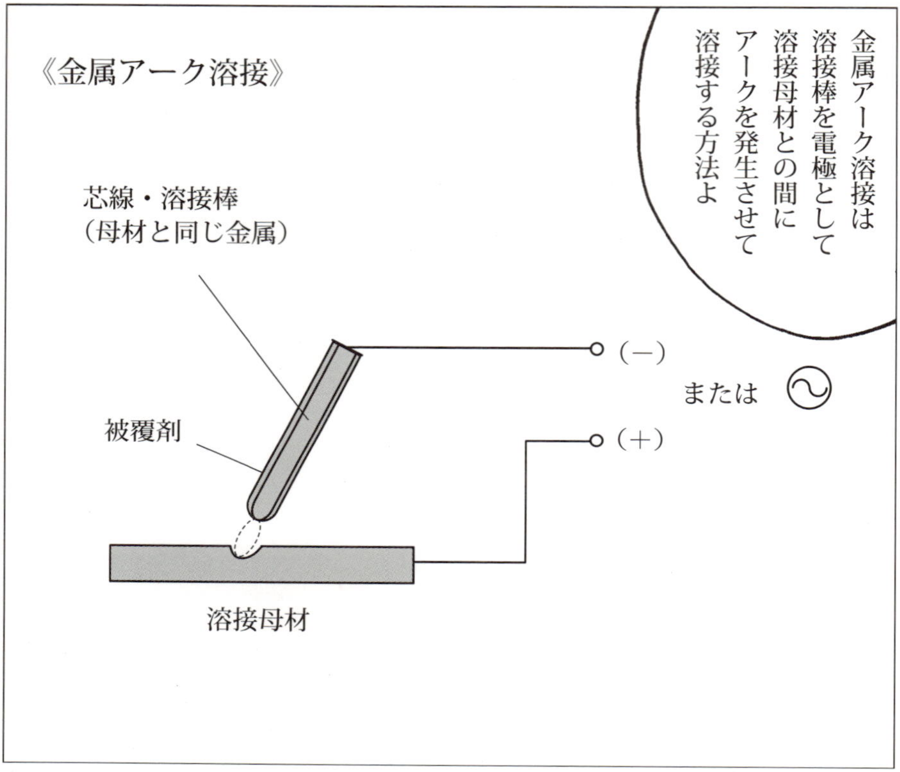
金属アーク溶接は溶接棒を電極として溶接母材との間にアークを発生させて溶接する方法よ
《金属アーク溶接》
芯線・溶接棒
（母材と同じ金属）
被覆剤
（−）
または
（＋）
溶接母材

電気溶接ではもっとも広く用いられている方法ね
金属アーク溶接か…

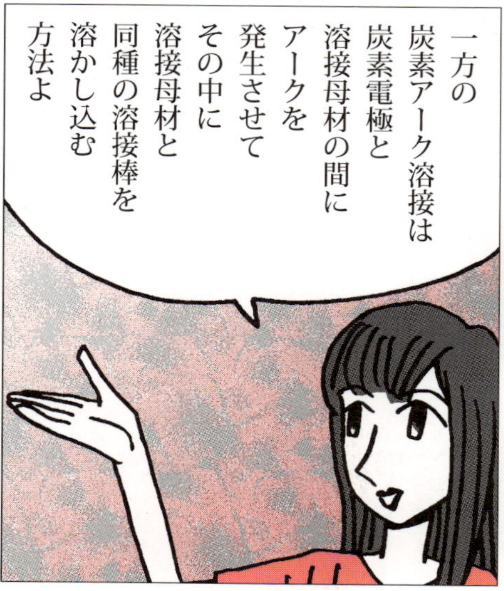
一方の炭素アーク溶接は炭素電極と溶接母材の間にアークを発生させてその中に溶接母材と同種の溶接棒を溶かし込む方法よ

《炭素アーク溶接》

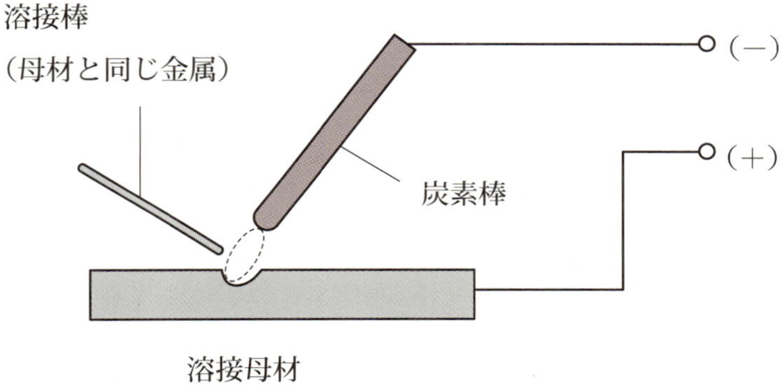
溶接棒
（母材と同じ金属）
（−）
（＋）
炭素棒
溶接母材

どんなことに用いるんですか？
たとえば鋳物の修理などに用いられているわね

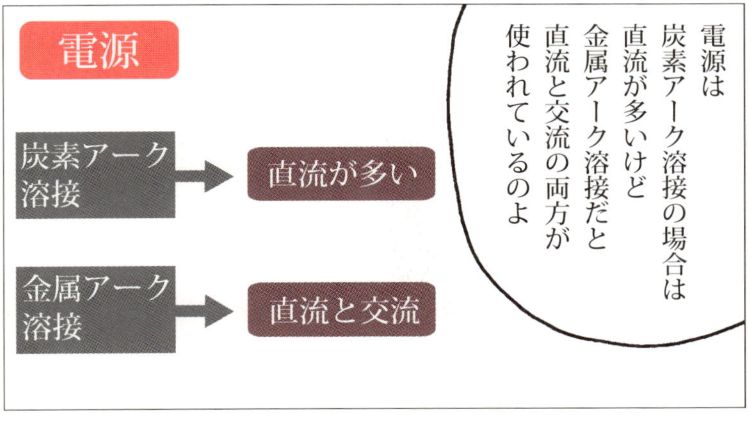
電源は炭素アーク溶接の場合は直流が多いけど金属アーク溶接だと直流と交流の両方が使われているのよ
電源
炭素アーク溶接
直流が多い
金属アーク溶接
直流と交流

ただし、金属アーク溶接の場合、直流電源を用いるなら、溶接棒の電極側をマイナスとして使用します。

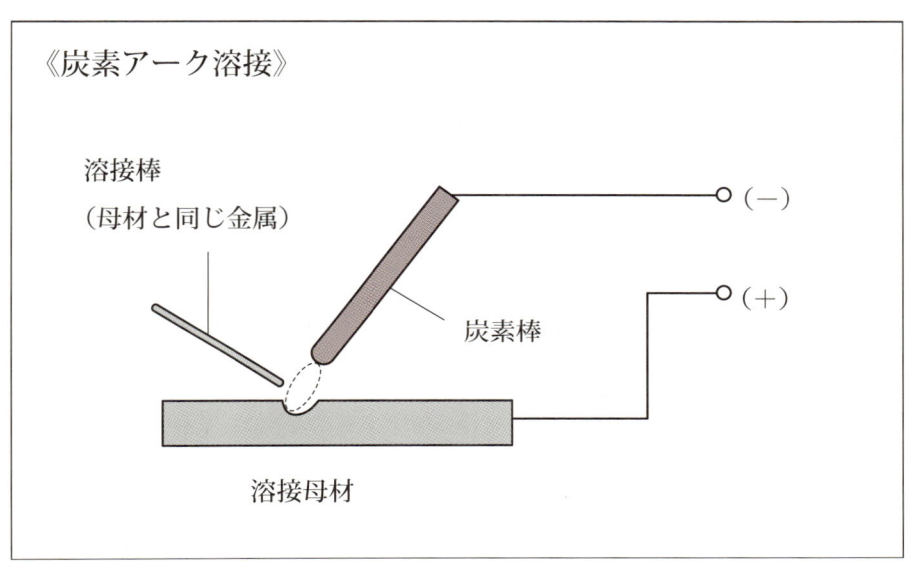

舞子先生
ところで溶接棒って何ですか？
だよな…
溶接棒って何かなぁ？
溶接母材と同じ材質のもので溶接部分にこの溶接棒を融解して溶着させるのよ
じゃあハンダで溶接する場合のハンダみたいなもんですね？
そうね
質問です！
なあに真矢君？
空気のあるところで溶接棒を溶かして溶接するんならガス溶接と同じで酸素があるでしょ…

酸化しませんか？
へぇ～よく気が付いたわね　真矢君
そのとおりよ！
よし！
あのぉ酸化するってことは…
もしかして腐食するってこと？
そうよ！
たしかに空気中での溶接は高温で酸化・窒化しやすいのよ

でも被覆剤で溶接棒を包んであって酸化防止にもなるわよ
被覆剤は、溶接時に高温で溶剤が溶けて、アーク部分をガスで包み、空気を遮断してくれます。そのため、安定した溶接が可能になります。
じゃあ溶接棒が酸素に触れにくいから酸化も防げるってこと？
そう！

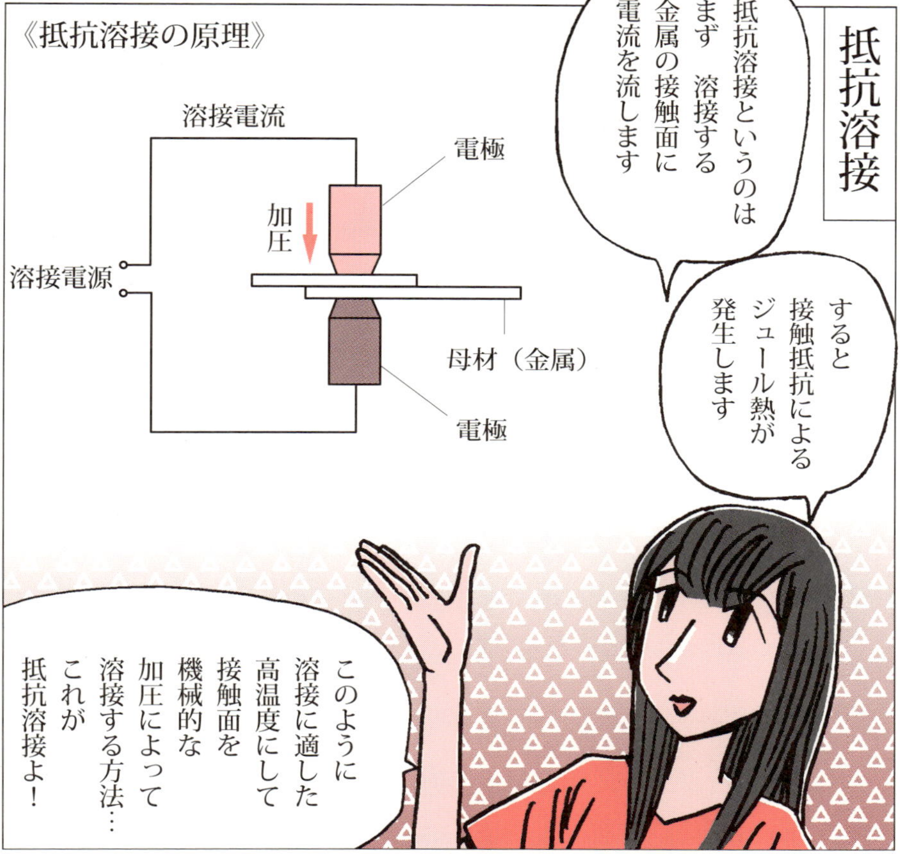
抵抗溶接
抵抗溶接というのは まず 溶接する 金属の接触面に 電流を流します
すると 接触抵抗による ジュール熱が 発生します
《抵抗溶接の原理》
溶接電流
電極
加圧
溶接電源
母材（金属）
電極
このように 溶接に適した 高温度にして 接触面を 機械的な 加圧によって 溶接する方法… これが 抵抗溶接よ！

抵抗溶接は アーク溶接と比べて 特別な利点とか あるんですか？
抵抗溶接は アーク溶接より 溶接部の温度が低いから 変形が少なく 精密な工作物の溶接に 適しているわね

①重ね抵抗溶接
母材
②突合せ抵抗溶接
母材
抵抗溶接は
金属面を
接触させる方法に
よって
このように
分けられる
のよ

抵抗溶接

① 重ね抵抗溶接

・スポット溶接…溶接物を重ね合わせ、棒状電極で加圧し、電極間の狭い部分に電流が集中するようにした方法です。薄板の溶接に広く使われ、抵抗溶接ではもっとも広く用いられています。

・プロジェクション溶接…プロジェクションとは突起のことです。溶接箇所に突起部を設けて、ここを接触させて溶接する方法です。電極はフラットなものを使用し、一度に広い範囲の溶接が可能で、ひずみが少なくてすみます。

・シーム溶接…一対の回転円板電極を用いて、連続的にスポット溶接する方法です。金属板や電極の加熱を回避するために、断続電流を用いることが多いです。縫合わせ溶接ともいいます。

②突合せ抵抗溶接

・アプセット溶接…丸棒や角棒などの断面を、強い圧力で突合せ、これに電流を流して加熱して溶接する方法です。電線工場で、銅線やアルミニウム線などの素材の接続に利用されています。

・*バット溶接…溶接物を突合せて加圧し、電極に電流を流し、ジュール熱と加圧によって溶接します。

・*フラッシュ溶接…バット溶接する両金属面間に、火花を発生させて溶接する方法です。

＊ バット溶接とフラッシュ溶接を同じ溶接方法と考え、バット溶接をフラッシュ溶接と呼ぶこともあります。

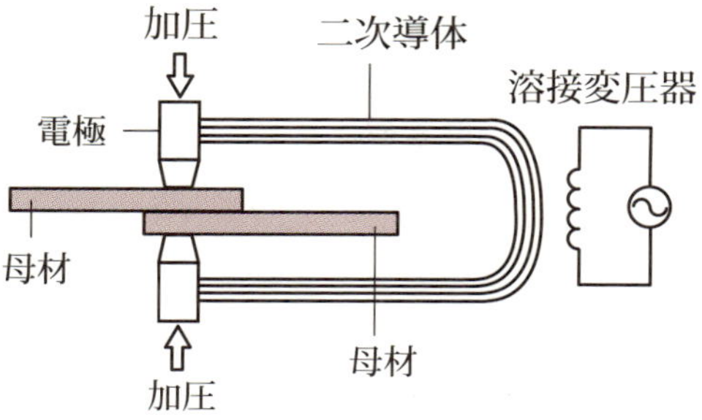
加圧
二次導体
溶接変圧器
電極
母材
母材
加圧

（a）スポット溶接

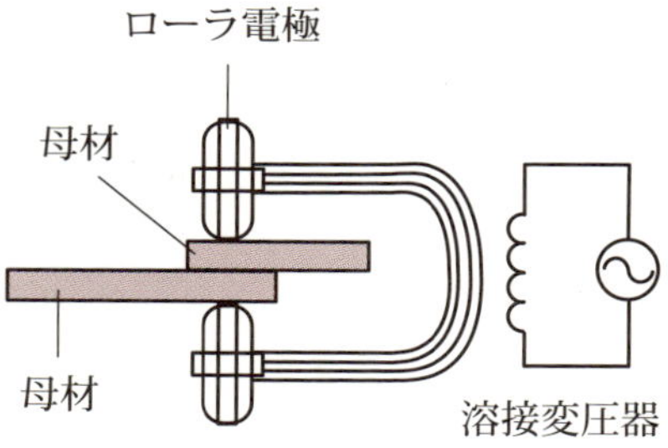
ローラ電極
母材
母材
溶接変圧器

（b）シーム溶接

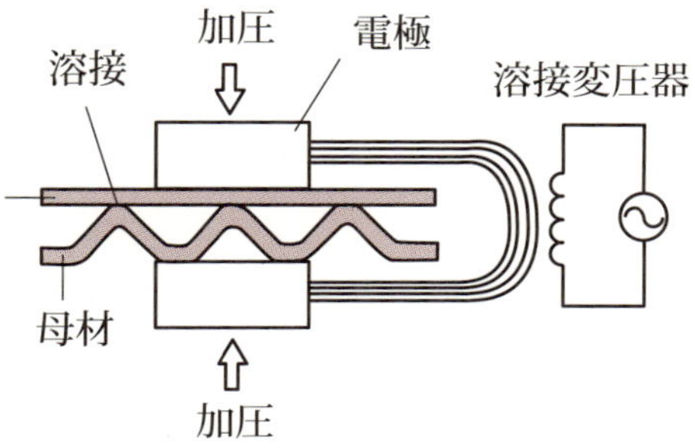
加圧
電極
溶接
溶接変圧器
母材
加圧

（c）プロジェクション溶接

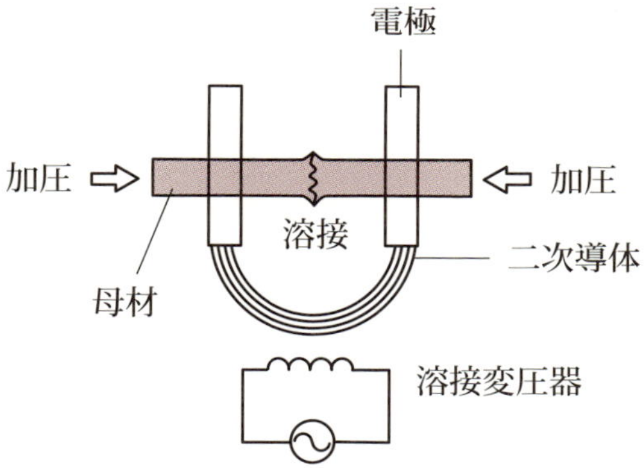
電極
加圧
加圧
溶接
二次導体
母材
溶接変圧器

（d）アプセット溶接

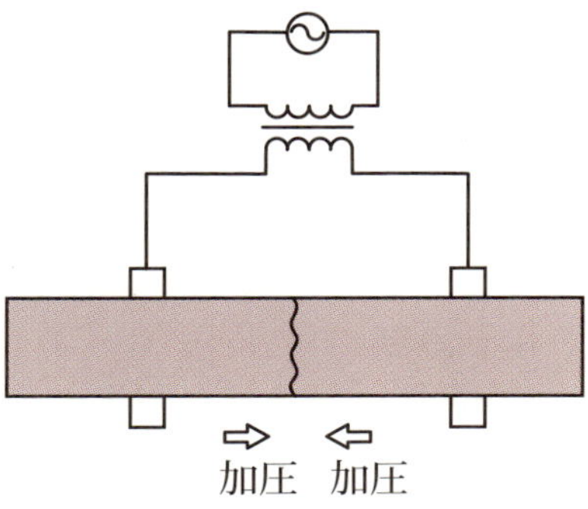
加圧
加圧

（e）バット溶接

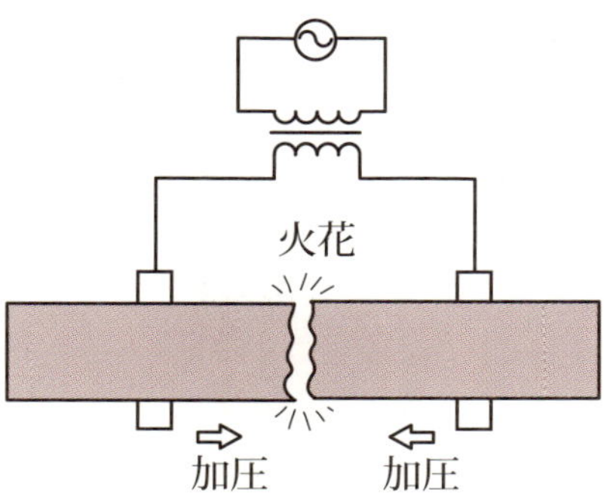
火花
加圧
加圧

（f）フラッシュ溶接

あれ！
流星と真矢じゃねーか！
境！
なにしてんだおめー
こいつらと体育館で卓球の練習だよ
よ！
ども
それよかおまえらいよいよ明日だな
追試！
どーせ無理だろうけど　ま　がんばれよな！

133
（5）電気溶接

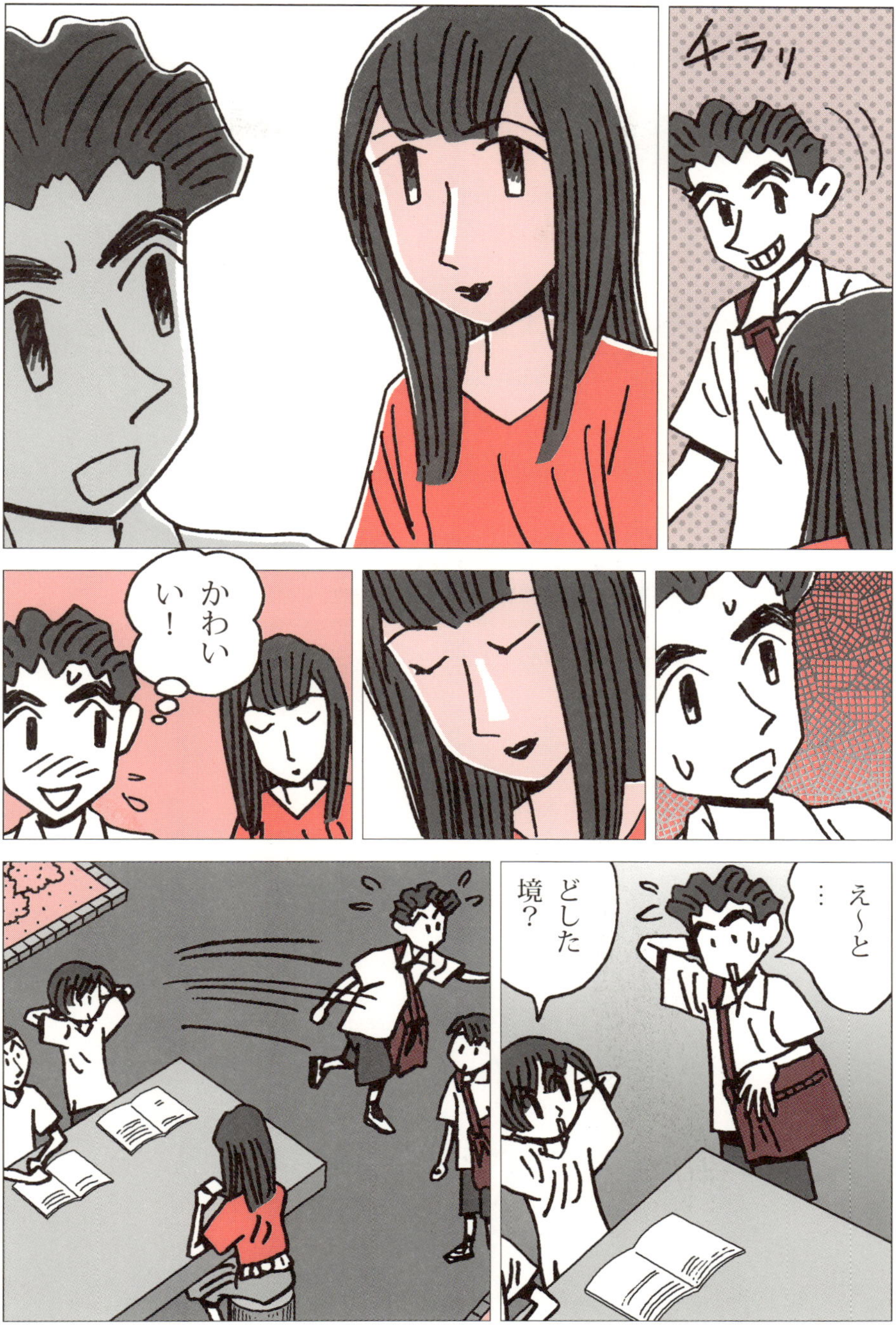
チラリ
かわいい！
え〜と…
どした境？

なんだ あいつ…？
なあ…
……
ふたりとも 一応 追試の範囲は 教えた つもりよ
たぶん 大丈夫だと 思うけど がんばってね！

はい！
ジージー…

そして追試が始まりました…
ZZ……

お！
流星君に
真矢君じゃ
ないか！
よ！
やっぱり
だめ
だったろ？
留年
おめでとー
はあー
ども

ばーか！
追試で
しくじる
おれたちか
よー
後輩たちに
模範試合
見せてやろー
じゃんか
さ・か・い・
ちゃん！
おねがいします
センパイ！

139
(5) 電気溶接

P チェックポイント

- 電気溶接には、電気のアークによる熱を利用したアーク溶接や、抵抗熱を利用した抵抗溶接などがあります。
- 電気溶接には酸素が必要なく、しかも厚い鉄板の大量溶接が容易です。
- アーク溶接は、アークにより発生した熱によって溶接します。
- 抵抗溶接は、ジュール熱を利用した溶接方法です。

第三章　自動制御

（1）自動制御とは

追試パスできてよかったわね
おめでとう!
なんかごほうびあげようかしら?
ほっ
だったらお願いがあるんですけど!
やだ
へんな要求はイヤよ!
ナンすかそれっ?
おれたちに電力応用の続き教えてください!

え…
あんたたち勉強したいの?
マジで?
だって途中で止めるのも後味悪いでしょ
それにおれたち学校の勉強は今一だけど舞子先生の授業だと勉強できちゃうんですよね

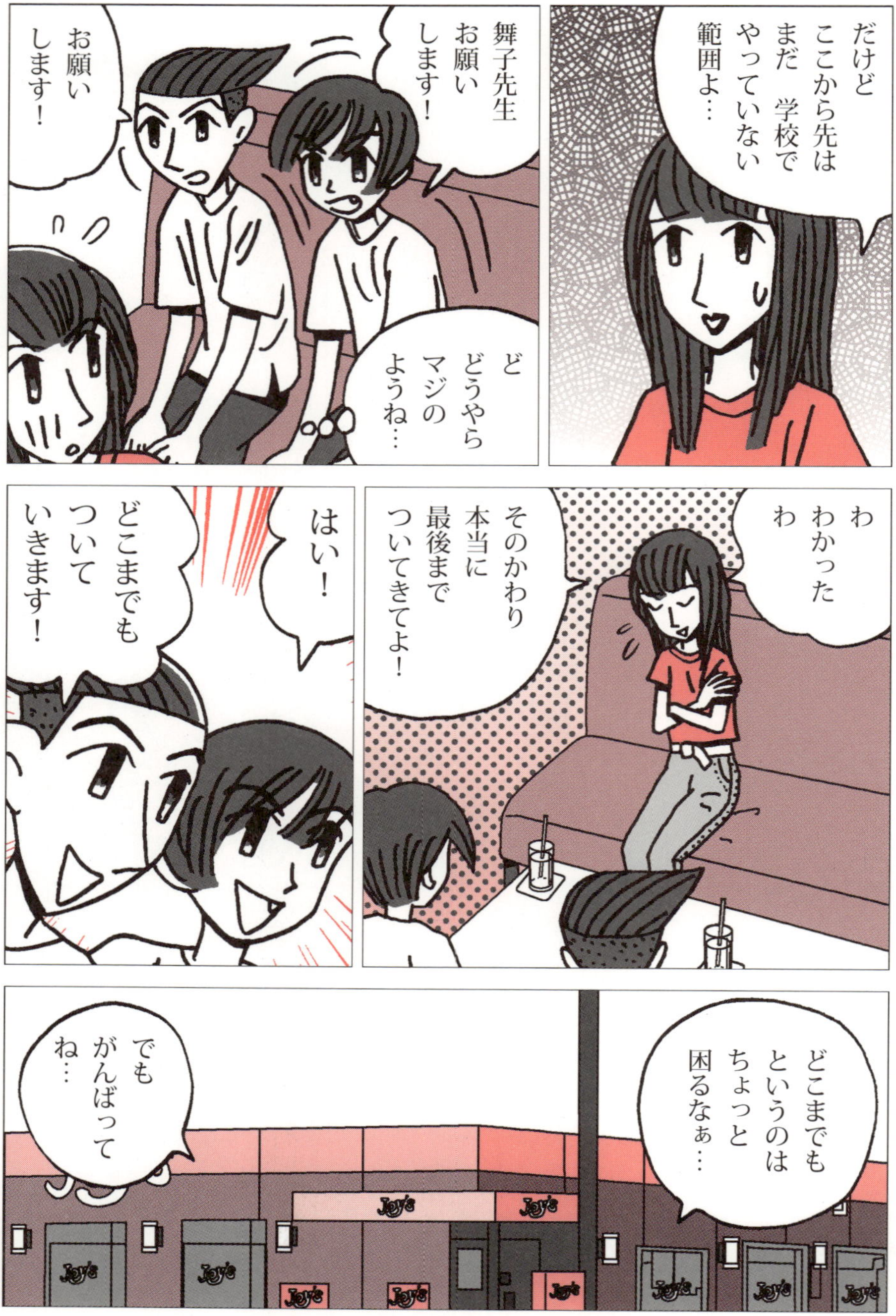
だけど
ここから先は
まだ　学校で
やっていない
範囲よ…
舞子先生
お願い
します！
お願い
します！
ど
どうやら
マジの
ようね…
わ
わかった
わ
そのかわり
本当に
最後まで
ついてきてよ！
はい！
どこまでも
ついて
いきます！
どこまでも
というのは
ちょっと
困るなぁ…
でも
がんばって
ね…

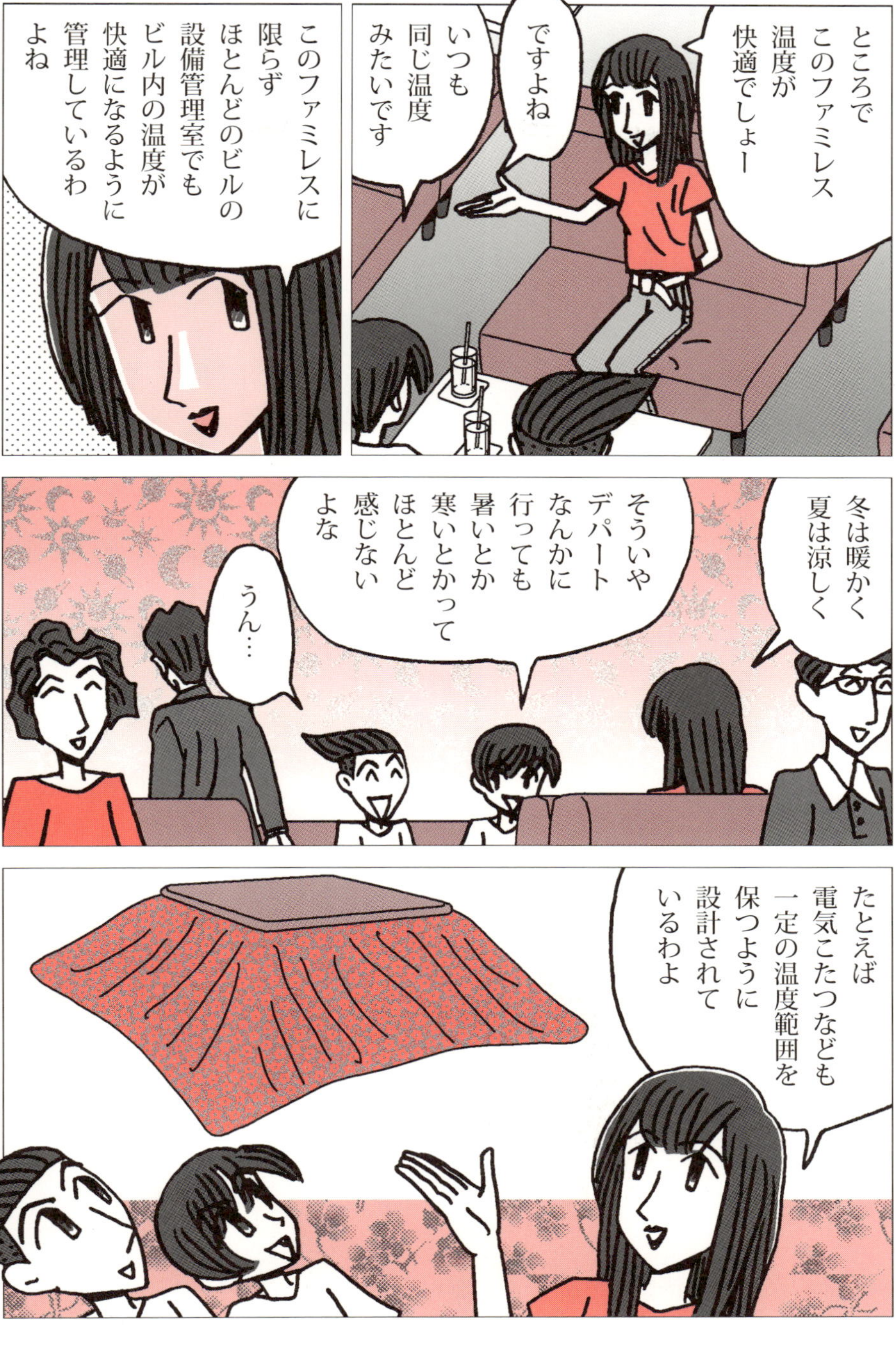
ところでこのファミレス温度が快適でしょー
ですよね
いつも同じ温度みたいです
このファミレスに限らずほとんどのビルの設備管理室でもビル内の温度が快適になるように管理しているわよね
冬は暖かく夏は涼しく
そういやデパートなんかに行っても暑いとか寒いとかってほとんど感じないよな
うん…
たとえば電気こたつなども一定の温度範囲を保つように設計されているわよ

そのように人間の手で制御するのではなく自動的に制御することを自動制御というのよ！

自動制御！
自動制御は、シーケンス制御とフィードバック制御に大別できます。

P チェックポイント

・人的制御ではなくて自動的に制御することを自動制御といいます。

145
(2) シーケンス制御

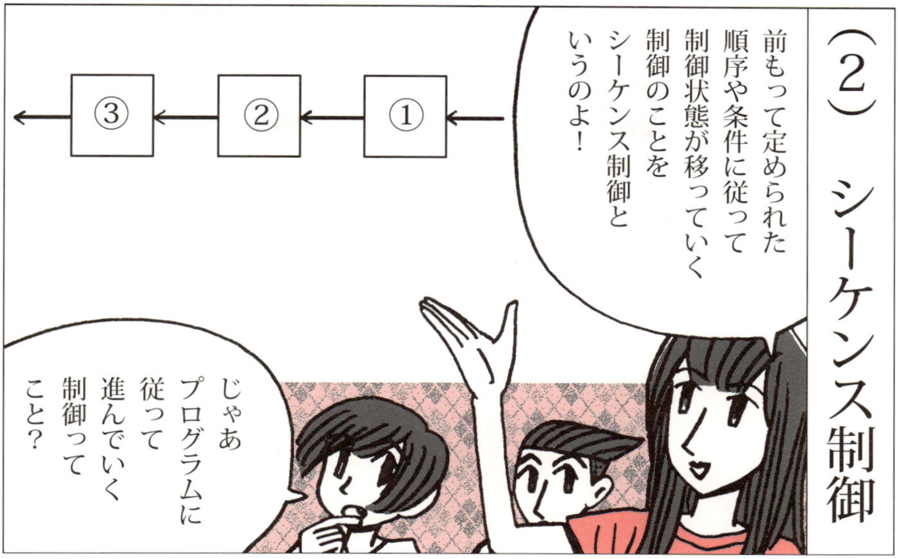

(2) シーケンス制御
前もって定められた順序や条件に従って制御状態が移っていく制御のことをシーケンス制御というのよ！
①
②
③
じゃあプログラムに従って進んでいく制御ってこと？

そういうこと！
そしてそのための制御装置をシーケンス制御装置というのよ
この図はシーケンス制御系の仕組みを示したものなのよ

原因と結果を示すために、それぞれの構成要素を長方形のブロックで表し、相互関係を矢印で示した図をブロック線図といいます。
この制御はもっとも身近で一般的な制御なのよ

どんなところに使われているんですか？
たとえばエレベータのほかに自動販売機や電気洗濯機などに使われているわね

始動・稼動・停止といった制御の段階を、前もってプログラムしておくのがシーケンス制御です。

エレベータがお客の押すボタンで、ボタンの押された階に移動・停止し、さらにお客の希望する階に運んでくれて停止するのは、シーケンス制御の働きです。

また、フィードバック制御は、制御量を目標値（設定値）に正確に一致させるために、制御対象の出力の一部を制御装置の入口側へ戻して、制御動作を行うものです。

たとえば、エレベータが重量オーバーで動かなくなったり、エレベータ内の温度が基準値を超えてエレベータが稼動停止状態になるのは、このフィードバック制御の働きです。

物の動きの順序や組合わせなどを制御するのに適しているのよ
たしかに自動販売機なんかそうだよね…
なるほど…

シーケンス制御の場合は制御となる対象をオンかオフで制御するのよ

回路にはスイッチを使うんですよね？
ええ
電気回路を機械的に開閉するスイッチには様々な種類があるわ
たとえば…

制御用機器

①命令スイッチ…手動操作スイッチとも呼ばれています。

・復帰形命令スイッチ…人が操作をしているときだけ、接点の開閉状態が変わり、操作をやめると元に復帰します。

・保持形命令スイッチ…一度操作すると反対の操作を行うまで、その接点の開閉状態をそのまま保持します。

……

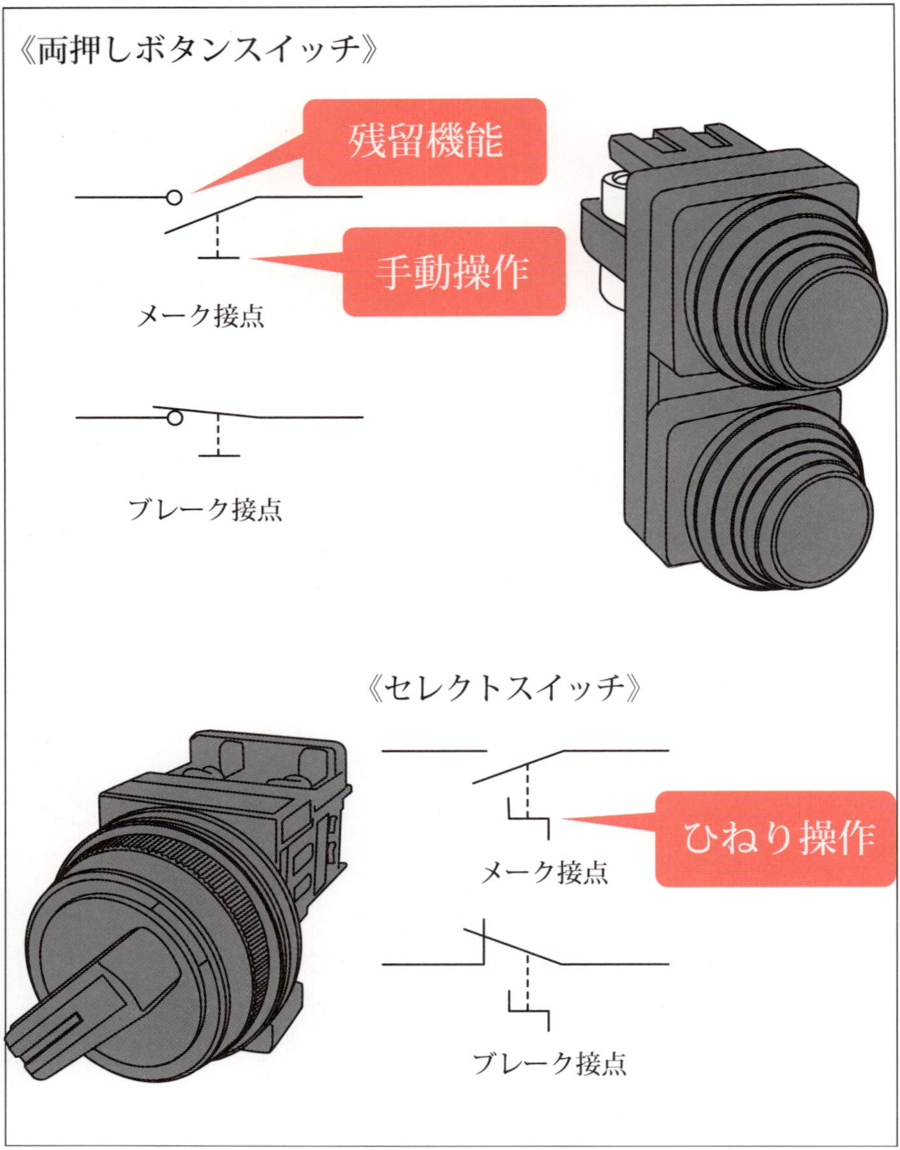
《両押しボタンスイッチ》
残留機能
手動操作
メーク接点
ブレーク接点
《セレクトスイッチ》
ひねり操作
メーク接点
ブレーク接点

押し操作によって回路を閉じ、手を放すと自動的に復帰するスイッチを、メーク接点あるいはａ接点といいます。また、押し操作によって回路を開き、手を放すと自動的に復帰するスイッチを、ブレーク接点あるいはｂ接点といいます。

②検出スイッチ…制御対象の状態、または変化を検出するためのスイッチです。

・リミットスイッチ…位置検出用の検出スイッチとして利用されます。

《リミットスイッチの図記号》

メーク接点
ブレーク接点
このリミットスイッチは
位置以外にも
液面や速度などの検出にも
利用されるのよ

電磁継電器
コイルに電流を流すと電磁力が発生しその電磁力によって接点を電気的に開閉する機器を電磁継電器というのよ
あるいは電磁リレー単にリレーとも呼ばれているわ
電磁リレー
どんなものがあるんですか？
目的に応じていろいろな種類があるわよ
たとえば…

①制御用継電器…シーケンス制御装置の命令処理部に組込まれます。小型で接点数が多いのが特徴です。リレーコイルＲによって動作する接点には「Ｒ」を付けます。

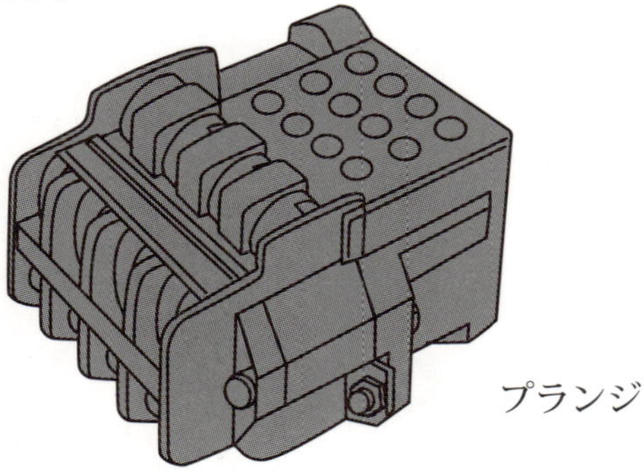

プランジャ形制御用継電器

▸151◂
（2）シーケンス制御

②電磁接触器（MC）…誘導電動機や電気炉の制御回路のように、大電流を断続するために使います。主に、シーケンス制御装置の操作部に使用されます。

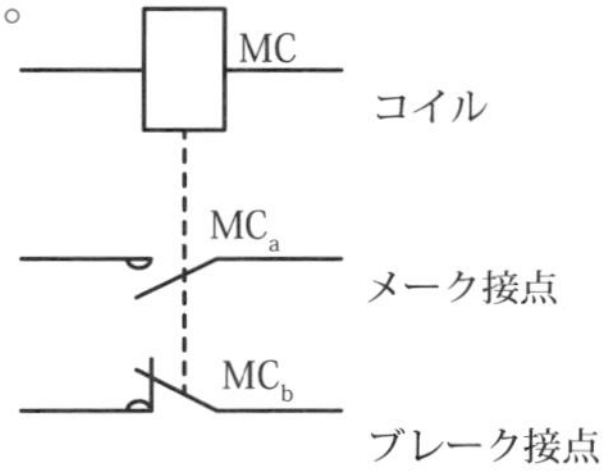

MC
コイル
MC_a
メーク接点
MC_b
ブレーク接点

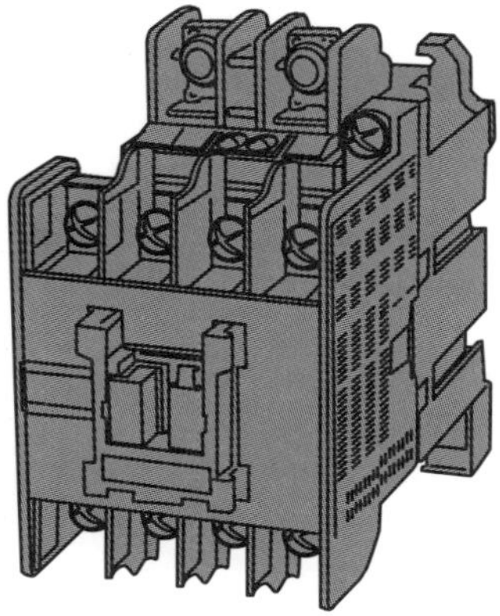

③熱動継電器…設定した電流値を超え、一定時間以上流れたときに、回路を遮断する継電器です。負荷電流によって発熱する抵抗発熱体と、高温で変形するバイメタルを組合せたもので、サーマルリレー（THR）とも呼ばれています。

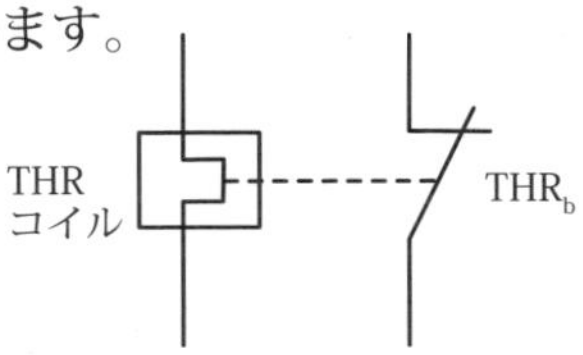

THR
コイル
THR_b

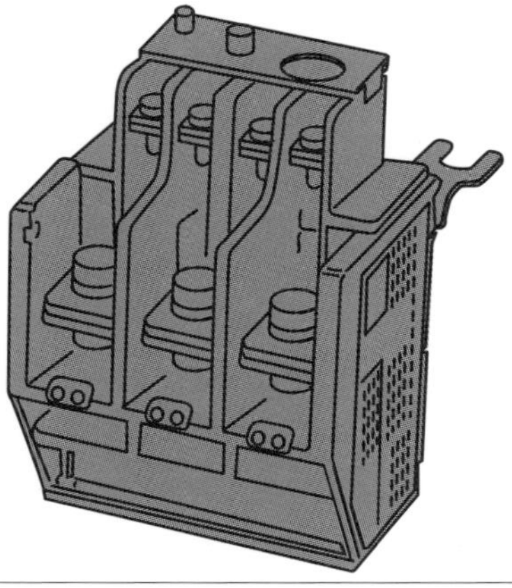

④限時継電器…入力信号の変化から、所定の時間だけ遅れて出力信号が変化するものを限時継電器といいます。タイマまたはタイムリミットリレー（TLR）とも呼ばれています。

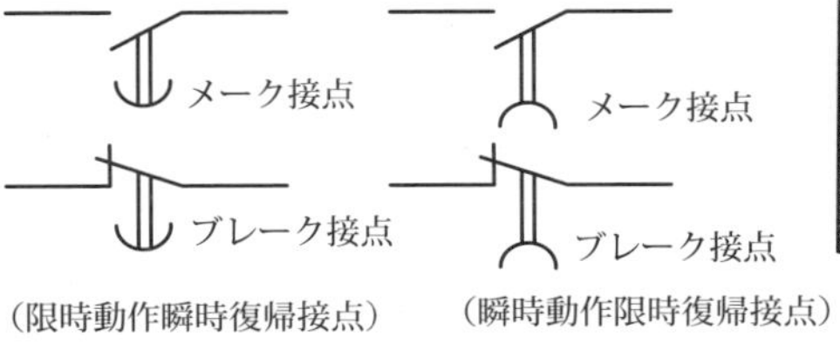

メーク接点
ブレーク接点
（限時動作瞬時復帰接点）
メーク接点
ブレーク接点
（瞬時動作限時復帰接点）

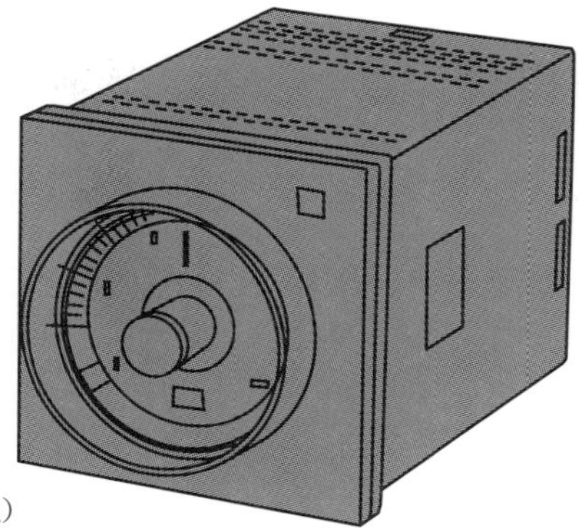

ソリッドステートリレー
トランジスタなどは使えないんですか
使えるわよ！
たとえばトランジスタやダイオードなどのように機械的接点をもたない半導体素子も電磁リレーと同じようにえるのよ
電磁リレーて…
たしか電磁継電器のことだったな…
機械的接点て？
みんながよく知っているスイッチのようなものよ
なるほど…

半導体を利用したリレーのことをソリッドステートリレー（ＳＳＲ）やトランジスタリレーと呼んでいるわよ
ソリッドステートリレー
ところで機械的接点など可動部分はどうしても消耗しやすいわよね
…ですよね
スイッチを入れたり切ったりを繰り返していると金属疲労というか消耗してきますよね
たしかに…

ところが
このＳＳＲには
機械的接点などの
可動部分がないから
開閉時に
接点で火花が
発生したり
摩耗することが
ないのよ！
じゃあ
長持ち
しますね！
そうよ！
しかも
応答速度が
速いから
電磁リレーよりも
優秀なの！
それに
小型化
できるし！
へえ～
最近の
家電製品
には…
ほとんど
このＳＳＲが
使われて
いるわね！

155
(2) シーケンス制御

今説明したような図記号を使って信号の流れや動作順序接続関係などをわかりやすい図面にするのよ
それが展開接続図あるいはシーケンス図と呼ばれるリレー回路図なのよ

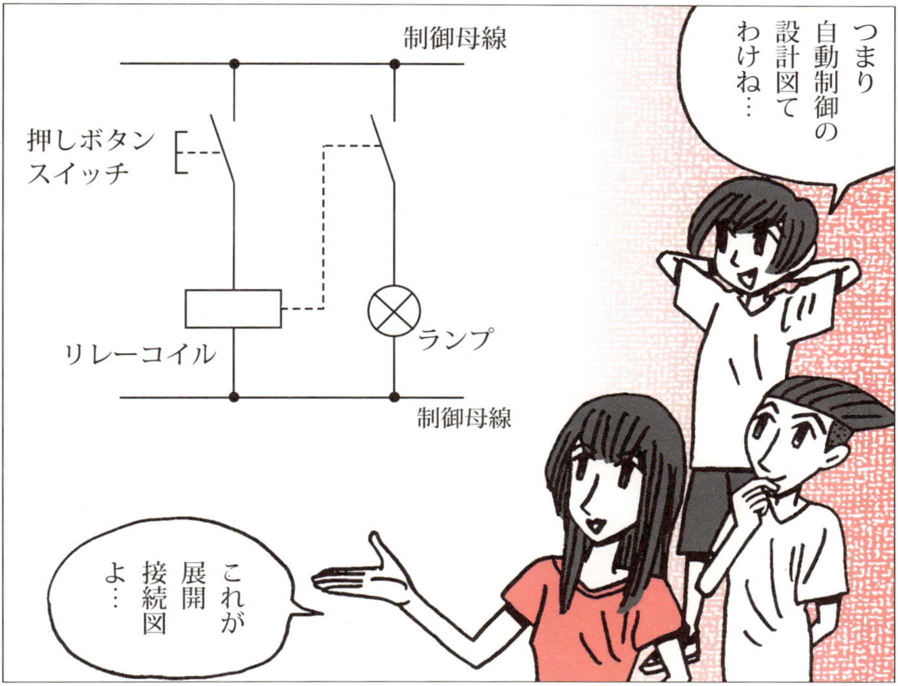
つまり自動制御の設計図てわけね…
制御母線
押しボタンスイッチ
リレーコイル
ランプ
制御母線
これが展開接続図よ…

チェックポイント

・前もって定められた順序や条件に 従って、制御状態が移っていく制御がシーケンス制御です。

・シーケンス制御では制御となる対象をオンかオフで制御します。

・コイルに電流を流すと電磁力が発生し、その電磁力によって接点を電気的に開閉する機器を電磁継電器あるいは電磁リレーといいます。

・半導体を利用したリレーがソリッドステートリレーです。

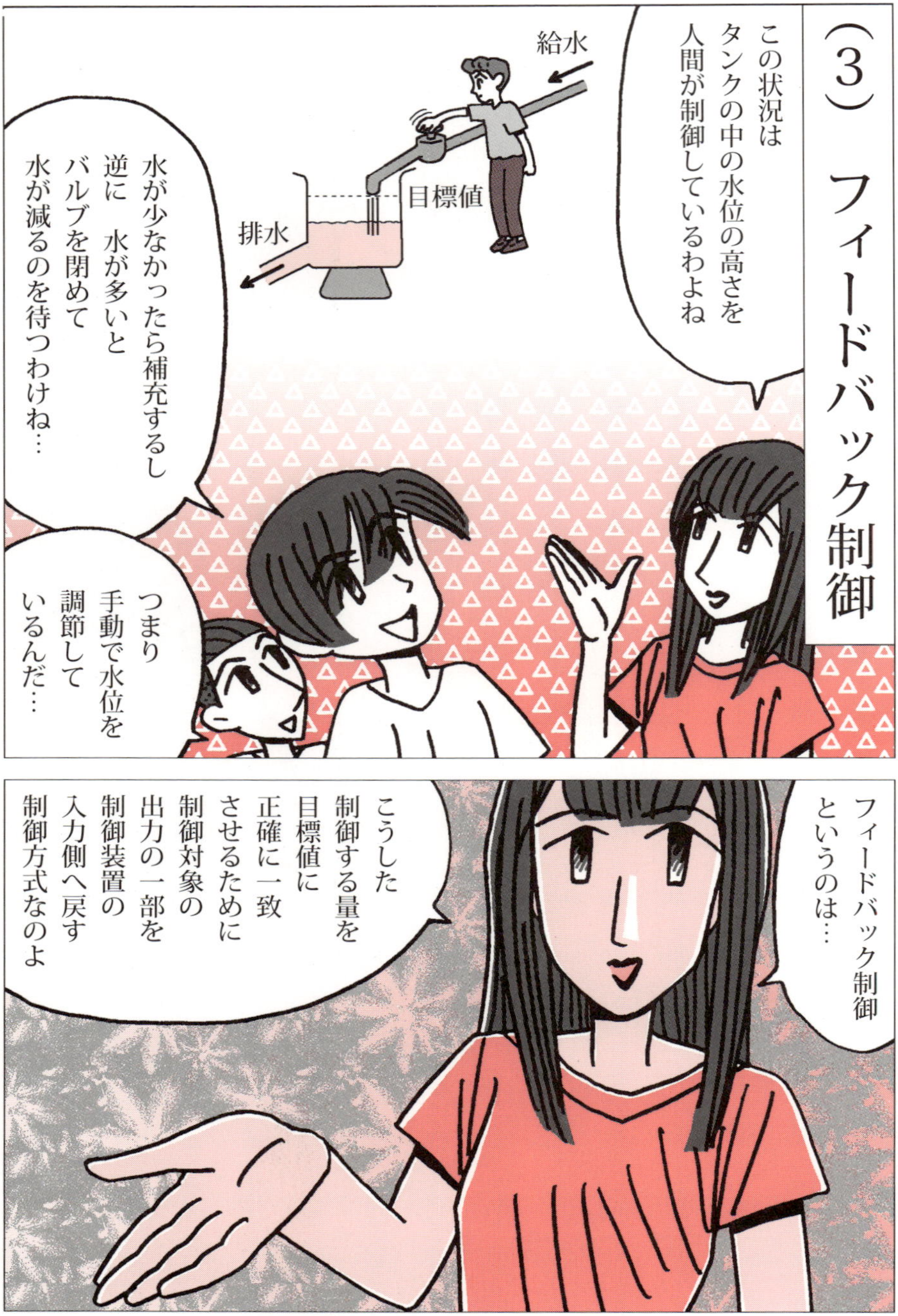
(3) フィードバック制御
この状況は
タンクの中の水位の高さを
人間が制御しているわよね
給水
目標値
排水
水が少なかったら補充するし
逆に　水が多いと
バルブを閉めて
水が減るのを待つわけね…
つまり
手動で水位を
調節して
いるんだ…
フィードバック制御
というのは…
こうした
制御する量を
目標値に
正確に一致
させるために
制御対象の
出力の一部を
制御装置の
入力側へ戻す
制御方式なのよ

フィードバック制御はどんなところに使われているんですか?
電気こたつの温度制御がそうよ
一定の温度を保つように制御対象の出力を監視しながら制御しているのよ

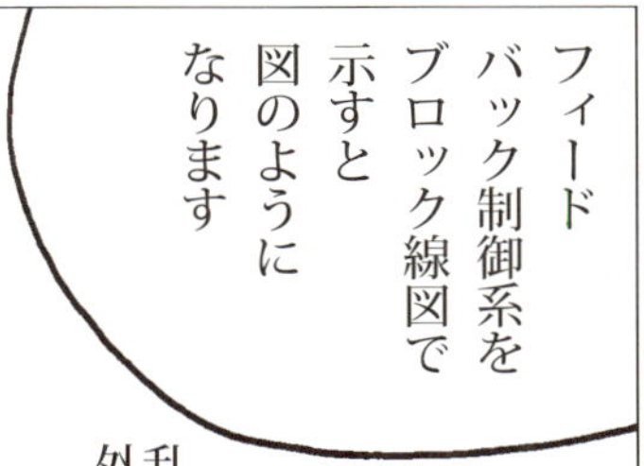
フィードバック制御系をブロック線図で示すと図のようになります

《フィードバック制御系の構成図》

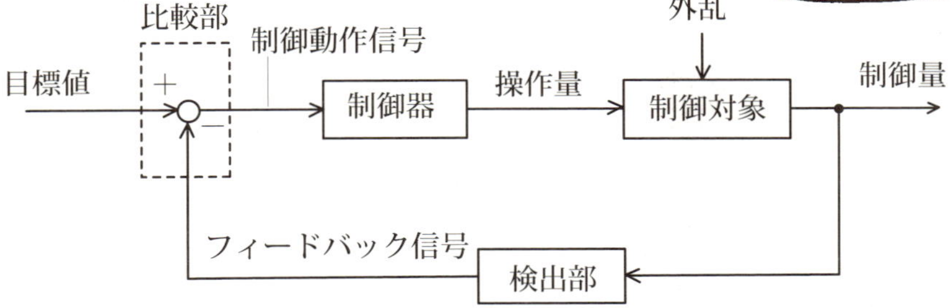
比較部
制御動作信号
外乱
目標値
+
−
制御器
操作量
制御対象
制御量
フィードバック信号
検出部

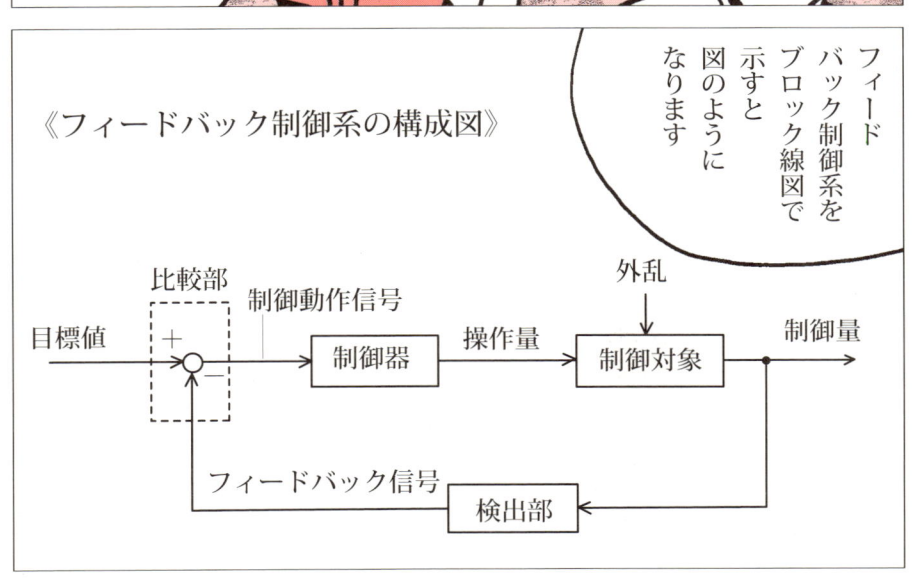

フィードバック制御では制御量を絶えず目標値に近づけようとするわけね
ところが制御対象の制御量を乱そうとする外部からの入力もあるの
その外部入力を外乱というのよ
電動機の回転数制御における急激な電圧変化、室内温度調整における一時的な窓の開放が外乱にあたります。
外乱…
フィードバック制御は信号や制御量目標値などによってこのように分類できます…

159
(3) フィードバック制御

《フィードバック制御の分類》

［信号］

①アナログ制御…時間的かつ量的に連続したアナログ量の信号を制御します。

②デジタル制御…デジタル量が目標値で、フィードバック信号をアナログ量からデジタル量に変換して行われる制御です。

③サンプル値制御…制御量や目標値、操作量などの信号を、ある一定時間ごとに取り出して行う制御です。

［制御量］

①サーボ機構…物体の位置や角度などの運動を取り扱う制御です。

②プロセス制御…温度や圧力、濃度、流量など、化学反応を取り扱う制御です。

③自動調整…電圧や周波数、回転数などの負荷の変動に対して、一定の出力を取り出すような制御です。

［目標値］

①定値制御…設定した目標値が一定の場合の制御です。

②追従制御…目標値が変化したときに、その変化に追従するように動作する制御です。

③プログラム制御…時間プログラムや定められた処理手順に従って目標値を変化させる制御です。

こうした自動制御の方法を様々に組合せて利用するのよ
へぇ〜
自動制御って結構覚えることが多いな〜
まぁ基本的なことだけ教えてあげるね
そうよねいっぺんに多くはわたしだって無理だわ…

舞子先生
たくさんの
種類が
あるけど
よく使われる
制御は
どれですか？
それなら
制御量を
監視しながら
行う制御ね！
制御量
①サーボ機構
②プロセス制御
③自動調整
具体的には
どんな制御
ですか？
たとえば
機械的な位置や
回転角度などの制御は
サーボ機構を用いた
フィードバック制御が
利用されているわよ
サーボ
機構…
サーボ機構でも
駆動部や検出部に
電気信号を
用いたものを
電気式サーボ機構と
呼んでいるのよ

▶161◀
（3）フィードバック制御

《サーボ機構》

物体の位置、角度など運動を取り扱う制御をサーボ機構といい、ロボットの制御にも用いられています。

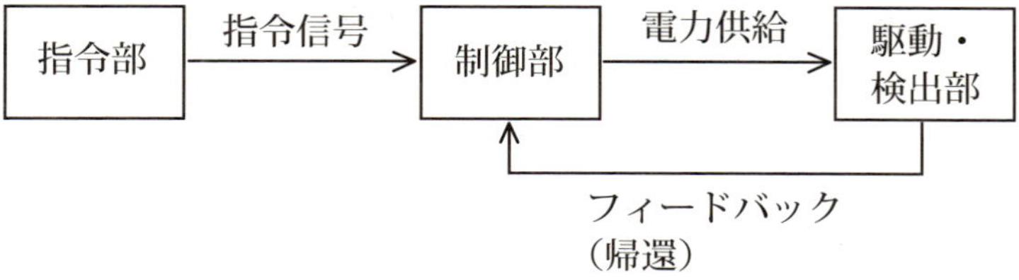

指令部
指令信号
制御部
電力供給
駆動・検出部
フィードバック（帰還）

指令部…動作の指令信号を出します。

制御部…指令通りにモータが動かせるようにします。

駆動・検出部…制御対象を駆動したり、その状態を検出したりします。

化学工業や石油工業などの生産工程では温度や圧力　濃度流量などのフィードバック制御としてプロセス制御を用いているわ
このプロセス制御では制御の対象となる生産現場と制御装置などのある管理室が別々の場合が多いのよ

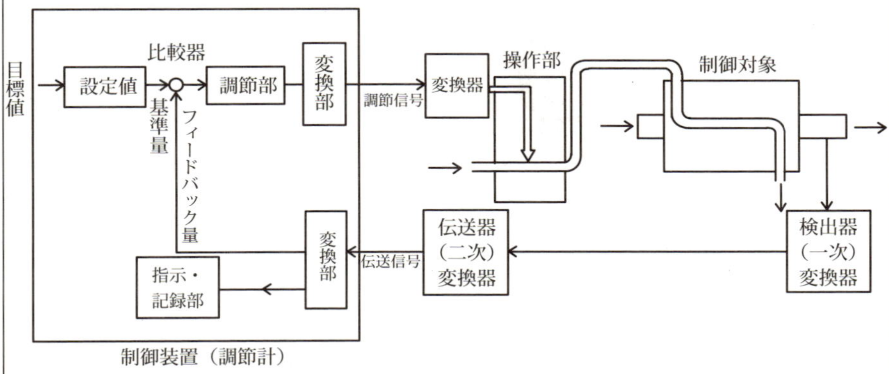

目標値
設定値
比較器
基準量
調節部
変換部
調節信号
変換器
操作部
制御対象
フィードバック量
変換部
伝送信号
伝送器（二次）変換器
検出器（一次）変換器
指示・記録部
制御装置（調節計）

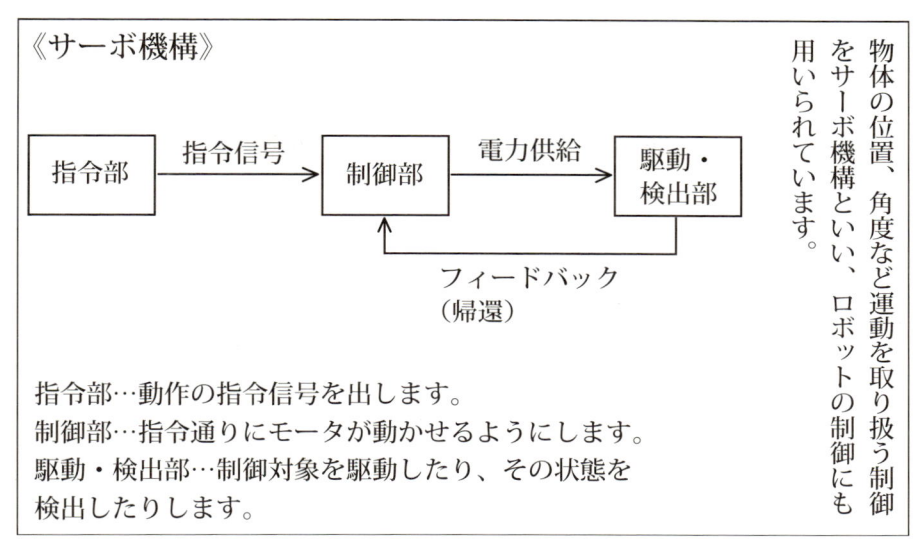

ところで あなたたちの 谷原工業高校の 暖房は　何を 使ってるの？
ボイラー だよな？
うん ボイラー！
ボイラーって 熱交換器の 集合体のような ものなのよ
じゃあ ボイラーの熱交換器の 液体温度を 設定値になるように 制御する プロセス制御について 話してみるわね
たとえば　温度は 検出器で電気信号に 変換されるわけだけど 微小な信号なので 伝送器で増幅されて 管理室の制御装置に 送られるわ
で… 送られた信号を どうするん ですか？

▶163◀
（3）フィードバック制御

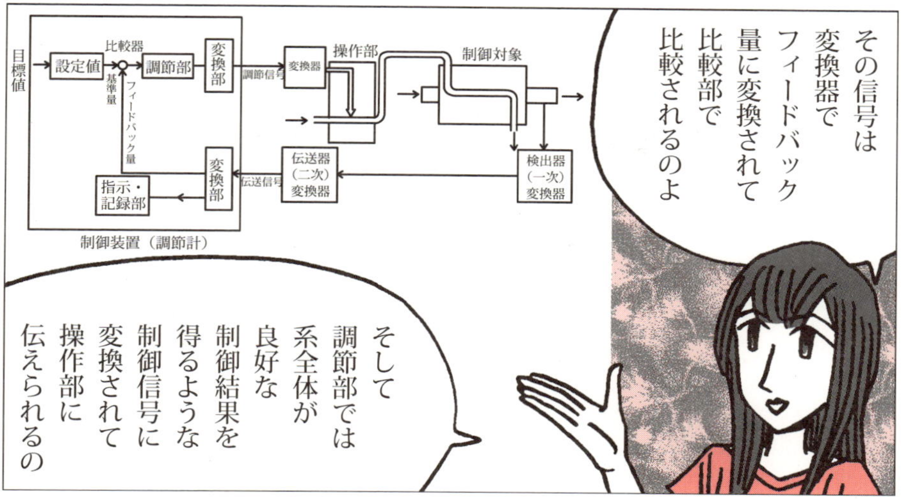
目標値
設定値
比較器
基準量
調節部
変換部
調節信号
フィードバック量
変換部
指示・記録部
伝送信号
制御装置（調節計）
変換器
操作部
制御対象
伝送器（二次）変換器
検出器（一次）変換器
その信号は変換器でフィードバック量に変換されて比較部で比較されるのよ
そして調節部では系全体が良好な制御結果を得るような制御信号に変換されて操作部に伝えられるの

あるプロセスによって制御する目標値とフィードバック量との差が小さくなるように制御対象の操作量を変化させているのよ
ふ～んなるほどね…

熱交換器は、温度の高い物体から低い物体へ、効率的に熱を移動させる機器で、液体や気体などの流体を扱う場合が多いようです。用途としては、冷却・加熱プロセスやボイラー、蒸気タービン、空気調和、換気、船舶・車両用熱交換器などがあります。

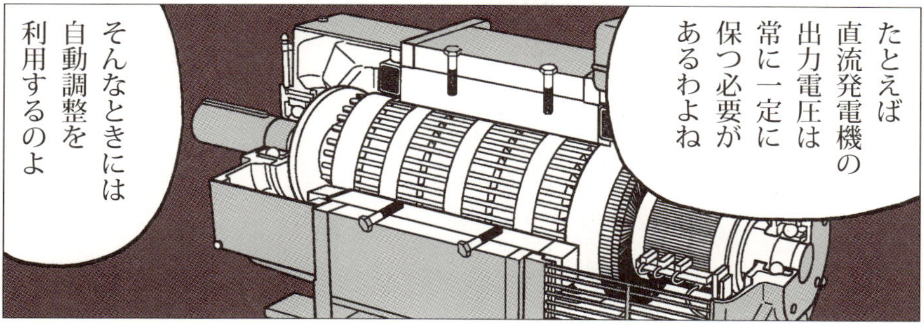
たとえば直流発電機の出力電圧は常に一定に保つ必要があるわよね
そんなときには自動調整を利用するのよ

自動調整は負荷が変動しているときに一定の出力を取り出すような制御でしたよね？
そうよ
じゃあここで質問よ
この場合出力電圧を一定に保つにはどうすればよいと思う？
さ　さあ〜
たぶん電流を制御するといいんじゃないかなぁ…
お！真矢君いい線いってるわよ！
そ　そうですか！
つまり出力電圧を監視しながら発電機の界磁巻線の電流を制御すればいいのよ
それにはフィードバック制御の自動調整が適しているというわけなの！

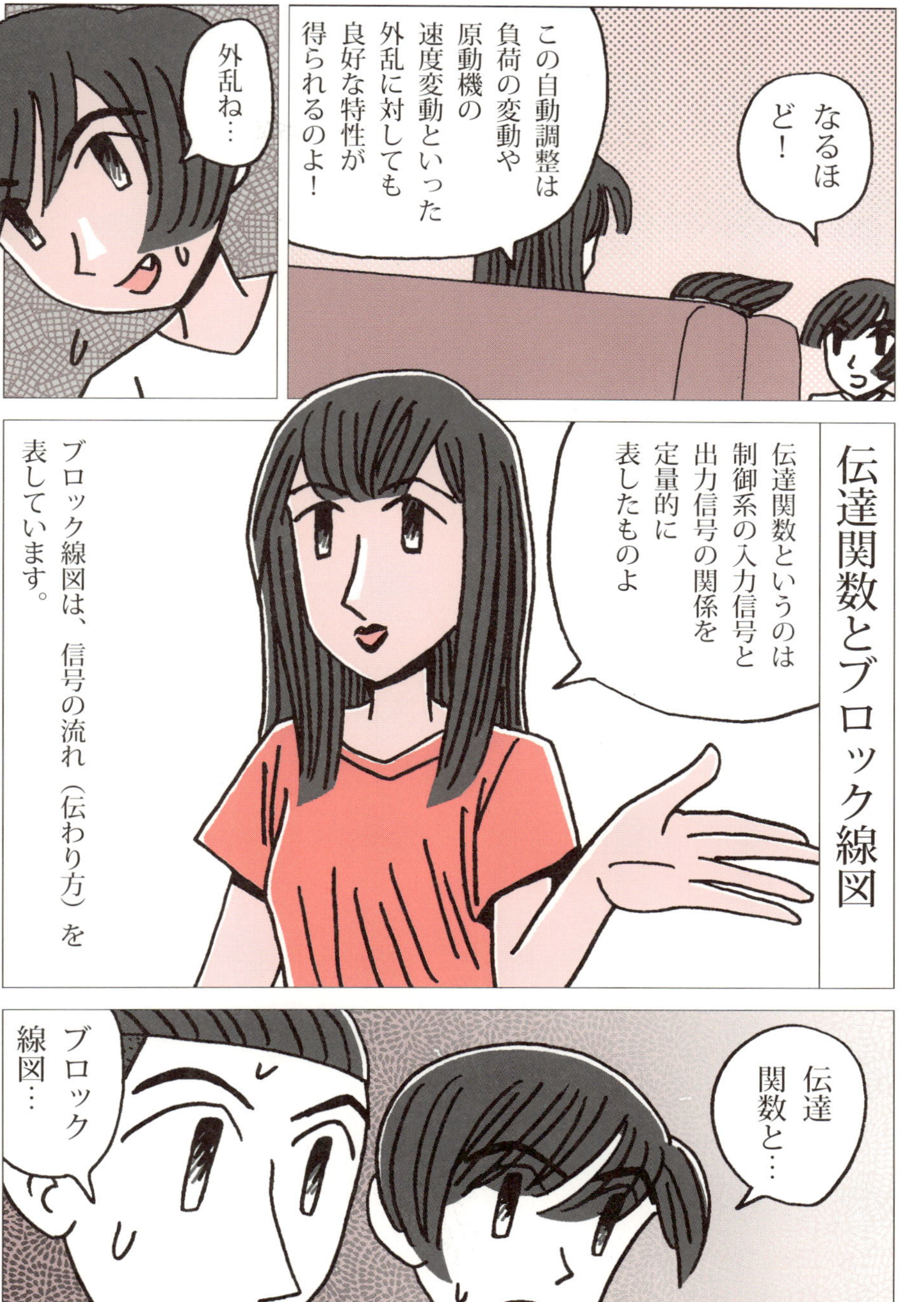
この自動調整は負荷の変動や原動機の速度変動といった外乱に対しても良好な特性が得られるのよ！
なるほど！
外乱ね…
伝達関数とブロック線図
伝達関数というのは制御系の入力信号と出力信号の関係を定量的に表したものよ
ブロック線図は、信号の流れ（伝わり方）を表しています。
伝達関数と…
ブロック線図…

《ブロック線図》

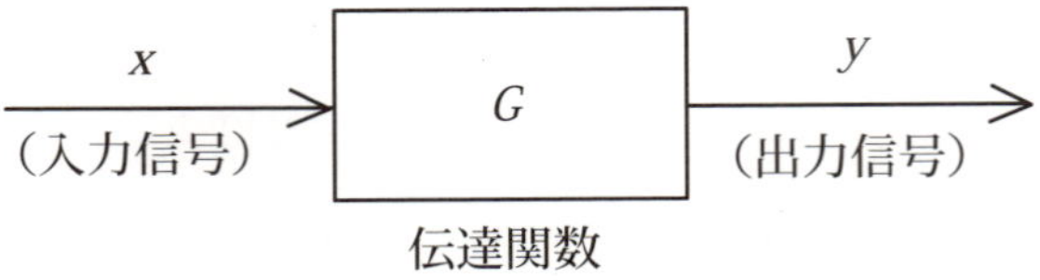

制御要素の入力信号 x と出力信号 y との間に、次のような関係式が成り立ちます。この式の G を、制御要素の伝達関数といいます。

$$y = Gx$$

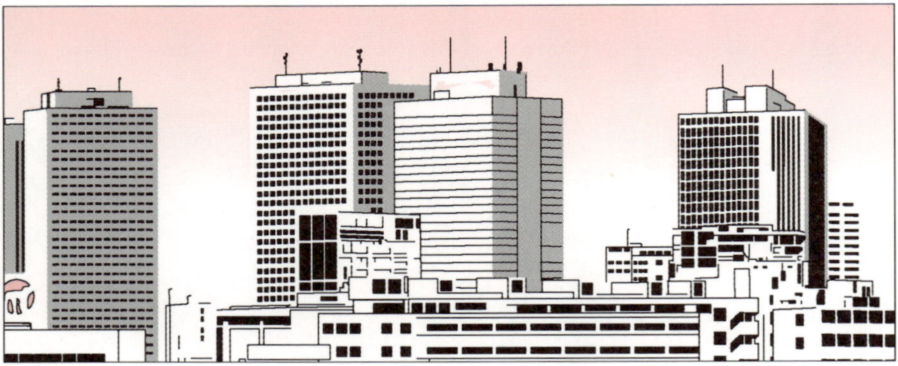

チェックポイント

・フィードバック制御は、制御する量を目標値と正確に一致させるために、制御対象の出力の一部を制御装置の入力側へ戻す制御方式です。

・フィードバック制御は、電気こたつの温度制御などに用いられています。

・機械的な位置や回転角度などの制御は、サーボ機構を用いたフィードバック制御が用いられています。

（4）コンピュータ制御

最近のコンピュータは発達が目覚ましくてOSのバージョンがどんどん上がっていくわ…
パソコンもそうだけどソフトの開発もそうですよね
だよね…
ところでコンピュータはパソコンだけじゃないのよ
高度な機能を備えた制御機器として様々な電気製品に利用されているわよ
へぇ～たとえば？
たとえば自動炊飯器などにはマイクロコンピュータが内蔵されているのよ

もしかして
調理品によって
炊飯器が自動的に
最適な調理法を
選択してくれる…
あれですか？
そうよ！
あれは
内蔵している
マイクロコンピュータが
機能しているから
できることなのよ
水の量が
多少間違っていても
自動炊飯器は
ちゃんとご飯を
炊いてくれるけど
あれも
そうですか？
そう！
そ　そう
だったの
か…
なるほど…
ふむふむ
他にも
わたしたちの
周りには
コンピュータに
よって
制御されて
いるものが
たくさん
あるわよ…

169
（4）コンピュータ制御

産業用ロボットって聞いたことない？

あるある！
工場で働いているロボットでしょ
マンガじゃないから人間の姿はしていないけど産業用ロボットには制御装置にコンピュータが組込まれているのよ

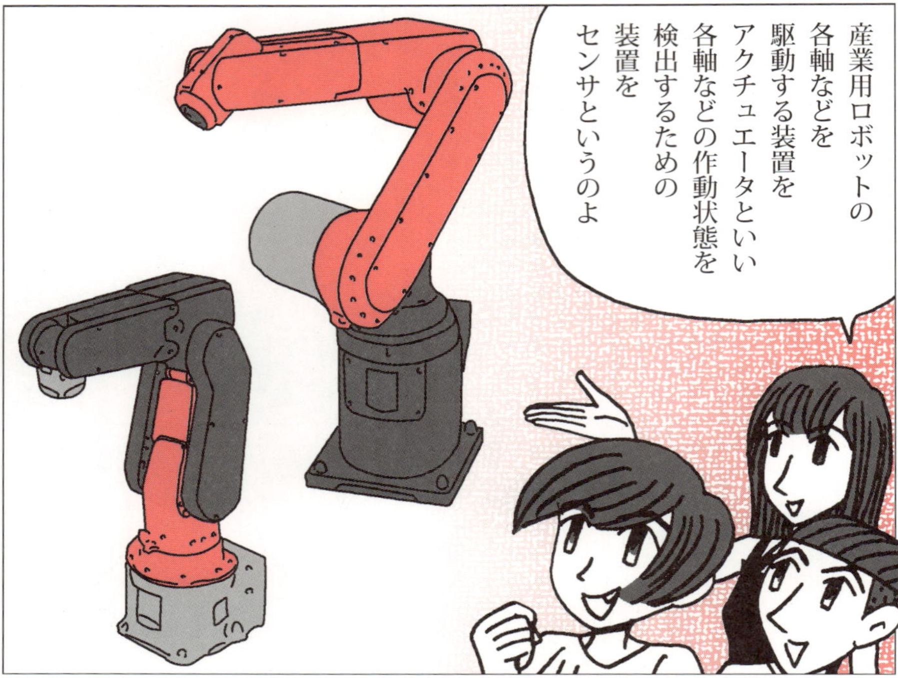
産業用ロボットの各軸などを駆動する装置をアクチュエータといい各軸などの作動状態を検出するための装置をセンサというのよ

インタフェース
アクチュエータやセンサをコンピュータに接続し、データのやり取りを行う装置をインタフェースといいます。
この場合処理装置は制御装置・演算装置・主記憶装置で構成されているわよ
処理装置とインタフェースは、共通のデータバス・アドレスバス・コントロールバスの各信号線でつながっています。

171
(4) コンピュータ制御

あの～ インタフェースって 名前は聞いたこと あるんですけど どんな働きを するんですか?
インタフェースは コンピュータと 外部機器との間の 信号の入力や出力を 円滑に行う働きをするのよ
…?
つまり コンピュータと外部機器の お互いの信号の 電気的な条件を調整して 入力と出力の タイミングをはかるのが インタフェースの 役目なのよ
そして インタフェースで 扱う信号には 様々な信号があるわよ…

［インタフェースで扱う信号］

- パラレル信号…同時に変化する並列的な信号です。
- シリアル信号…データを一時的に分割して、一本の信号線で入出力する直列的な信号です。
- デジタル信号…コンピュータによるデジタルな信号です。
- アナログ信号…外部機器による制御で、電流や電圧などの信号です。

《アクチュエータの動力源による分類》

- 電気系
  - 直流ソレノイド
  - 交流ソレノイド
  - 直流モータ
  - 交流モータ
  - サーボモータ
  - ステッピングモータ
- 空気圧系
  - 空気圧シリンダ
  - 空気圧モータ
- 油圧系
  - 油圧シリンダ
  - 油圧モータ

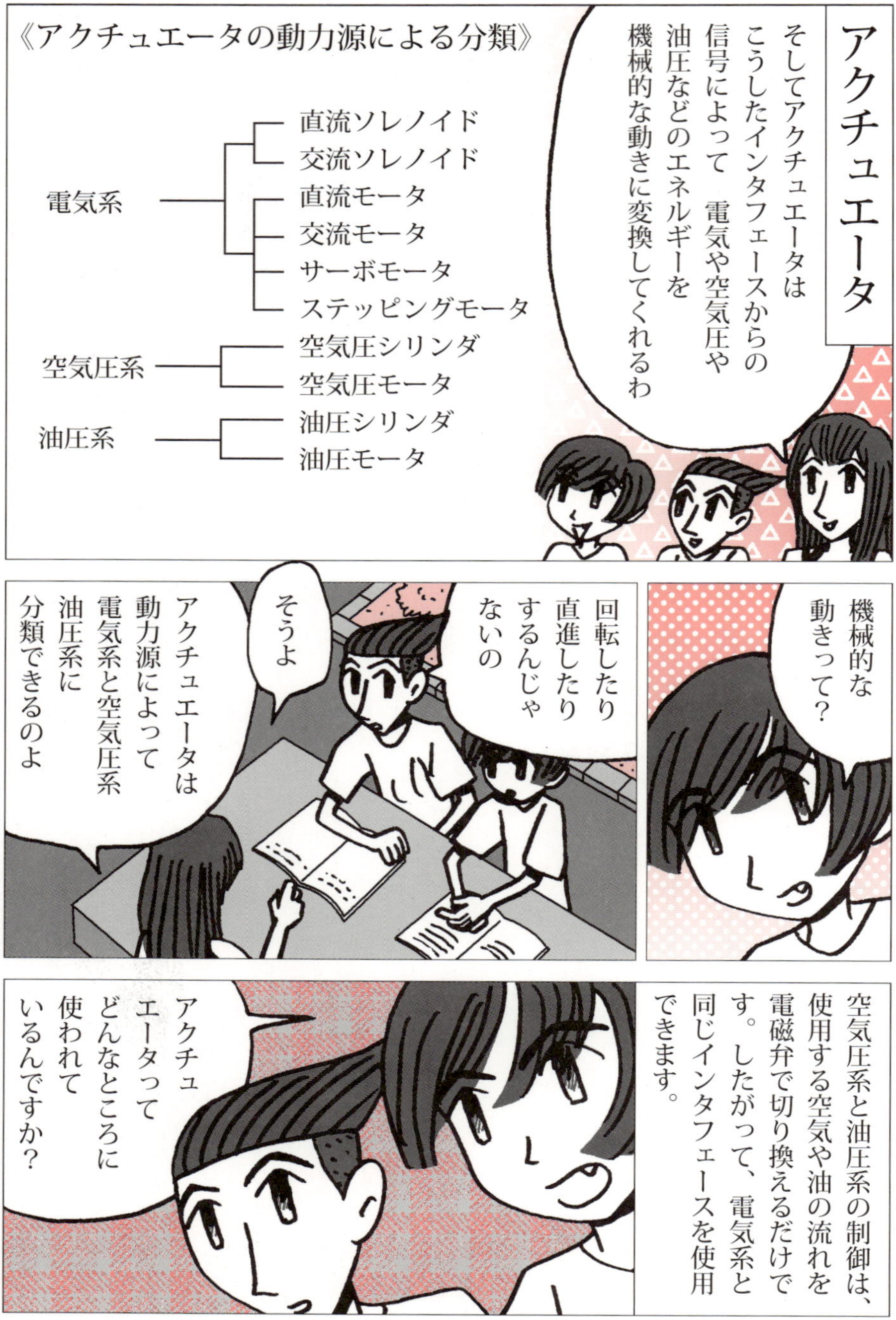
アクチュエータ
そしてアクチュエータはこうしたインタフェースからの信号によって　電気や空気圧や油圧などのエネルギーを機械的な動きに変換してくれるわ
機械的な動きって？
回転したり直進したりするんじゃないの
そうよ
アクチュエータは動力源によって電気系と空気圧系油圧系に分類できるのよ
空気圧系と油圧系の制御は、使用する空気や油の流れを電磁弁で切り換えるだけです。したがって、電気系と同じインタフェースを使用できます。
アクチュエータってどんなところに使われているんですか？

173
(4) コンピュータ制御

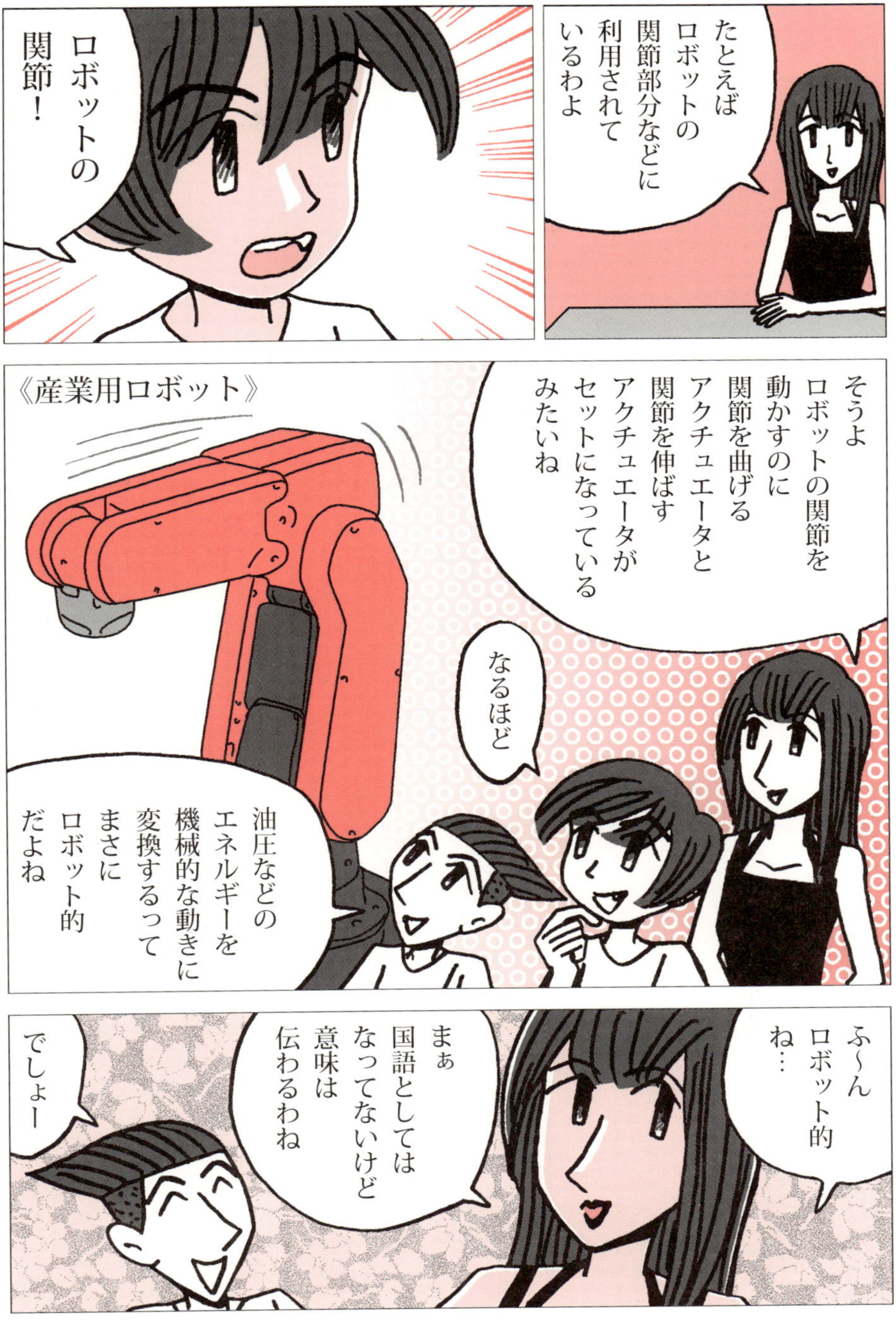
たとえばロボットの関節部分などに利用されているわよ
ロボットの関節！
そうよロボットの関節を動かすのに関節を曲げるアクチュエータと関節を伸ばすアクチュエータがセットになっているみたいね
《産業用ロボット》
なるほど
油圧などのエネルギーを機械的な動きに変換するってまさにロボット的だよね
ふ～んロボット的ね…
まぁ国語としてはなってないけど意味は伝わるわね
でしょー

アクチュエータか…
境の身体に付けてやろーか
そしたらあいつもちっとは卓球上手くなるかも
あいつら～
あはははは
ははは
は…
……

▸175◂
(4) コンピュータ制御

あら
もうすぐ
12時だわ…
これから流星君と真矢君に電力応用教えなきゃなんないの
じゃあ 未来ちゃん 次は 金曜日ねー
ば〜い
ばいばー!!
もう〜 誰の 家庭教師 なのよぉ〜
バタン
ぞぞぞ…
おかあさぁ〜ん お兄ちゃんに もう 勉強しない ように 言ってよぉ〜
ええ〜

さあ始めるわよ！
お願いします！
先日の続きで制御用コンピュータについて話すわね
はい！
多くの企業が工場の生産工程を自動化して生産能力の向上と人件費の削減を検討しているわ
こうした生産工程の自動化をFAと呼んでいるのよ
FA

177
（4）コンピュータ制御

ＦＡ！
プロ野球みたいだけど…
ＦＡって まさかフリーエージェントじゃないですよね？
No ！ Factory Automation ！
なるほどそれでＦＡね！
で…？
？
どんな意味？
ＦＡに用いる制御用コンピュータはほこりなどの多い製造工場でも利用できるくらいに性能が優れているのよ
制御用コンピュータにはマイクロコンピュータやＦＡ用コンピュータなど様々な種類のコンピュータが利用されているわ
マイクロコンピュータ…

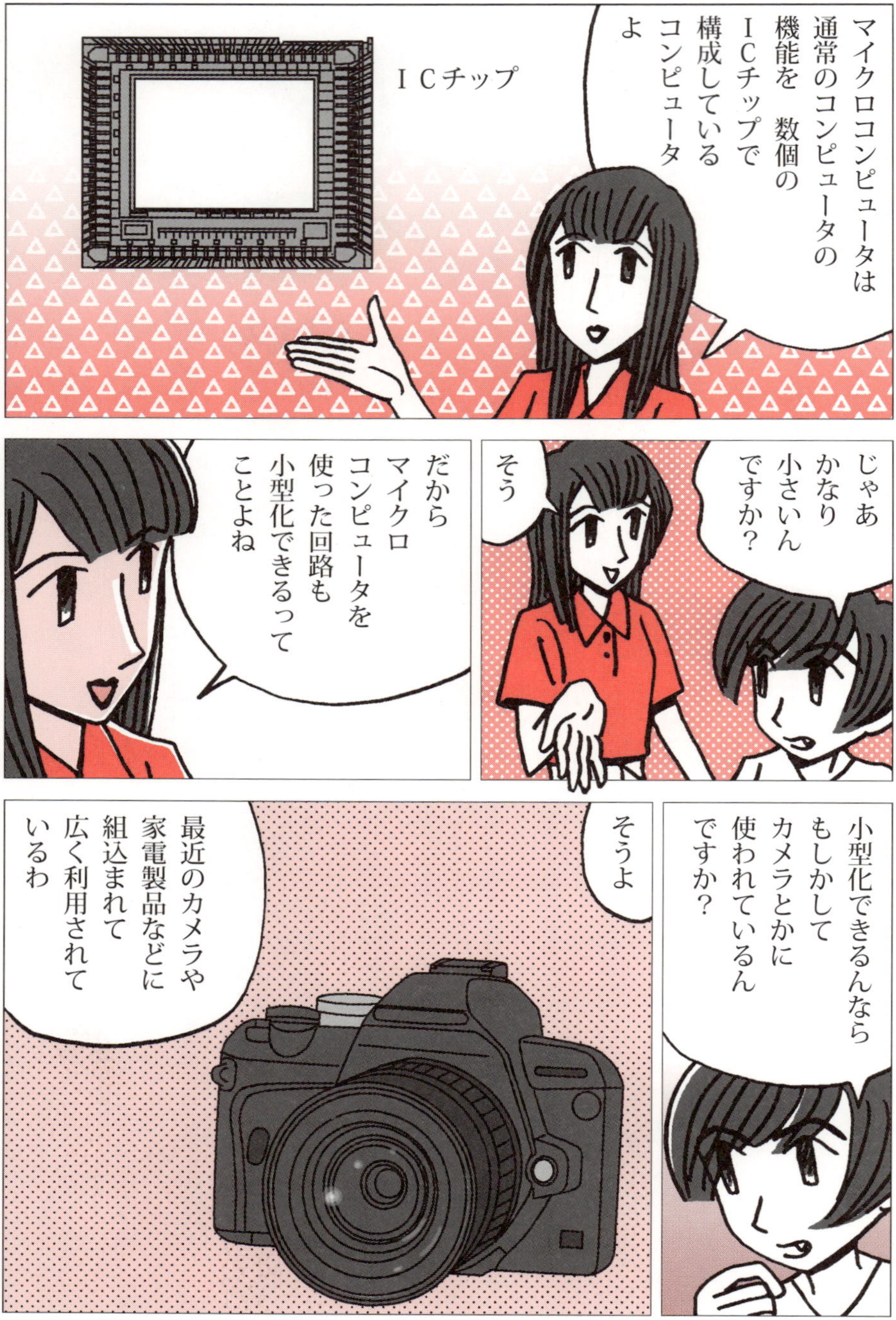
マイクロコンピュータは通常のコンピュータの機能を　数個のＩＣチップで構成しているコンピュータよ
ＩＣチップ
じゃあかなり小さいんですか？
そう
だからマイクロコンピュータを使った回路も小型化できるってことよね
小型化できるんならもしかしてカメラとかに使われているんですか？
そうよ
最近のカメラや家電製品などに組込まれて広く利用されているわ

179
（4）コンピュータ制御

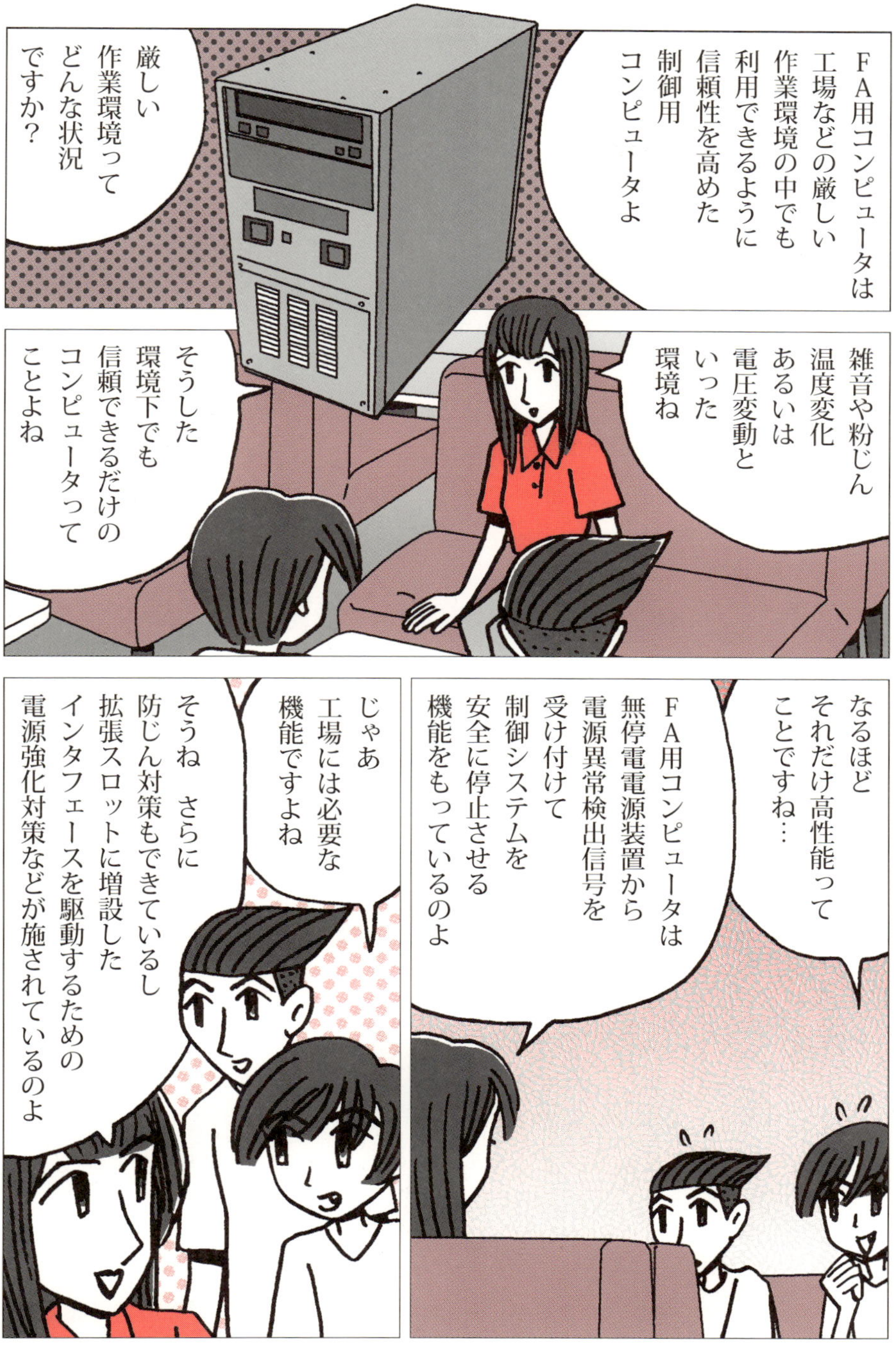
FA用コンピュータは工場などの厳しい作業環境の中でも利用できるように信頼性を高めた制御用コンピュータよ
厳しい作業環境ってどんな状況ですか？
雑音や粉じん温度変化あるいは電圧変動といった環境ね
そうした環境下でも信頼できるだけのコンピュータってことよね
なるほどそれだけ高性能ってことですね…
FA用コンピュータは無停電電源装置から電源異常検出信号を受け付けて制御システムを安全に停止させる機能をもっているのよ
じゃあ工場には必要な機能ですよね
そうね　さらに防じん対策もできているし拡張スロットに増設したインタフェースを駆動するための電源強化対策などが施されているのよ

でも工場の設備や作る製品が変わったらどうするのかなぁ…
そうだよな…
それなら制御プログラムを変更するだけで対応できるわよ！
ななんと！簡単じゃん！
制御用のプログラミングによって操作命令やセンサからの入力信号を比較・判断してアクチュエータにフィードバックできるのよ
なるほど…
便利だなぁ…

チェックポイント

・産業用ロボットの各軸などを駆動する装置をアクチュエータといい、各軸などの作動状態を検出するための装置（部品）をセンサといいます。

・アクチュエータやセンサをコンピュータに接続し、データのやり取りを行う装置がインタフェースです。

・アクチュエータはインタフェースからの信号によって、電気や空気圧、油圧などのエネルギーを機械的な動きに変換してくれます。

・制御用コンピュータには、マイクロコンピュータやFA用コンピュータなどが利用されています。

・FA用コンピュータは、工場などの厳しい作業環境下でも利用できます。

第四章　電気化学

（1）電気化学の基礎知識

化学エネルギーを電気エネルギーに変換するものってなんだと思う？
化学…？
さあ…？
電池よ！
電池！
え～電池って化学と関係あるんですか？
あるわよ～
じゃあ電気化学について話してあげるね
お願いします！

授業でやったとは思うけど電気化学の基本的なことを確認しておくわよ
はい！
ふたりとも酸化と還元って知ってる？
えへへ
や やったような…
でも覚えてない！
す すみません～
いいわ
知らなかったら覚えればいいんだから
そうですよね！
ですね！
にこ
にこ
ちょっとあんたたちぃここは笑顔かしら？
ぜひ教えてください！

ある物質が電子を失うときその物質は酸化されたというのよ！
酸化
そういえば化学の先生がそんな説明してたかな…
じゃあ 逆にある物質が電子を得たときその物質はどうされたということかしら？
かかんげん…？
そう還元よ！
え！
どう？わかったかしら？
それが酸化と還元よ！
はい！

じゃあ銅を空気中で加熱するとどうなるかしら？
Cu
ぷっ それシャレですか？
おやじギャグだな
ほ ほらぁどうなると思うの？
さあ～
酸化銅になるのよ！
化学は苦手だなぁ～
化学も！だろ！
$2Cu + O_2 \rightarrow 2CuO$
でもここで問題なのは化学式そのものよりも電子の移動についてなのよ！

電子の移動…？
あ！
つまり酸化と還元ですか？
そうよ！この化学式に電子の移動を書き込むとこうなるわよ…

$$2Cu + O_2 \rightarrow 2(Cu - 2e^-) + 2(O + 2e^-)$$
$$\rightarrow 2Cu^{2+} + 2O^{2-}$$
$$\rightarrow 2CuO$$

e：電子

あれ？
(+2e⁻)と(−2e⁻)ってことは差し引きゼロ…？
これって銅Cuが電子2個を失って酸素Oが電子2個を得たということですか…？

そう！
電子を失うものと電子を得るものがあるということで酸化と還元は同時に起こるわけね！
なるほど…
酸化と還元は同時なんだ…！

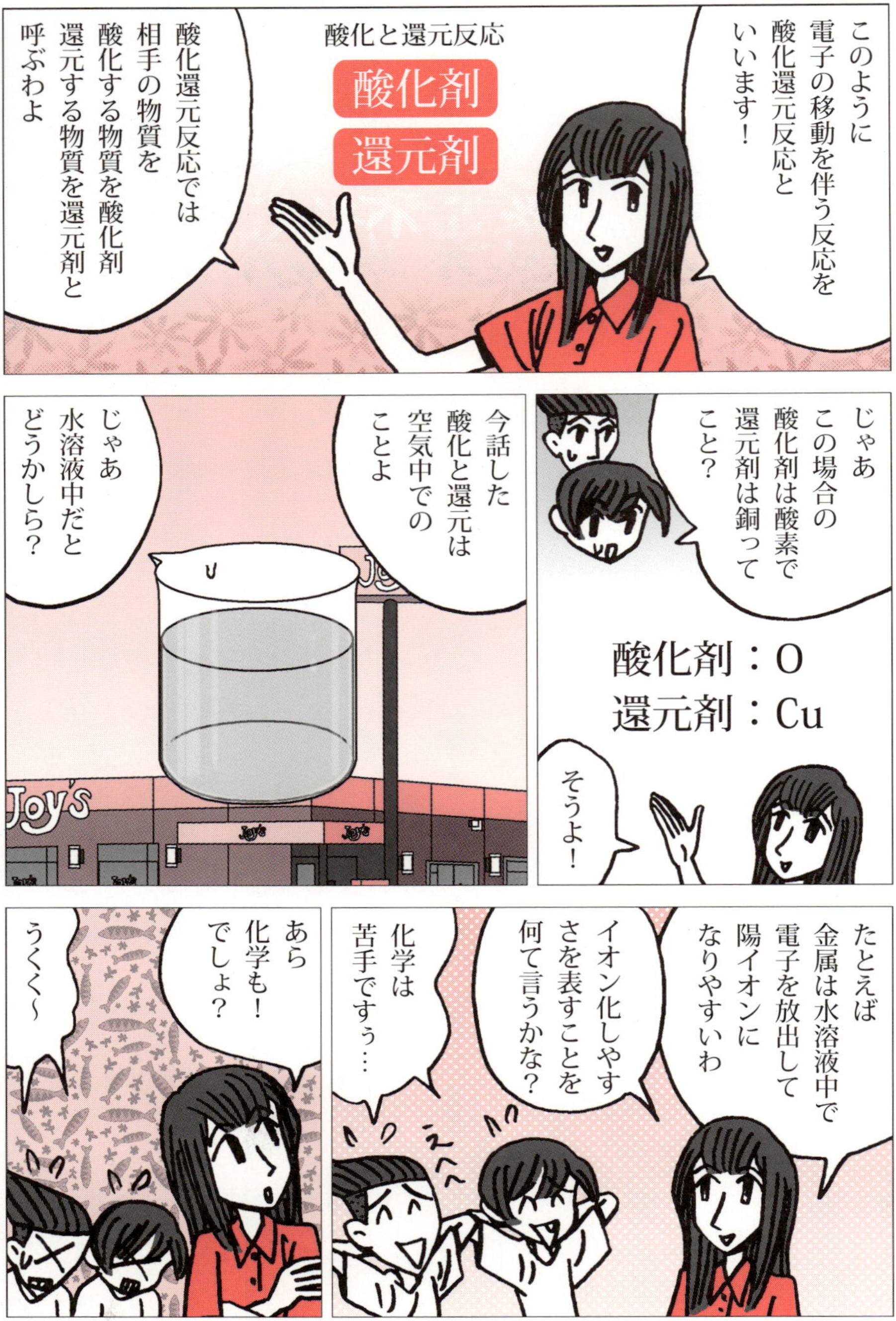
このように電子の移動を伴う反応を酸化還元反応といいます！
酸化と還元反応
酸化剤
還元剤
酸化還元反応では相手の物質を酸化する物質を酸化剤還元する物質を還元剤と呼ぶわよ
じゃあこの場合の酸化剤は酸素で還元剤は銅ってこと？
酸化剤：O
還元剤：Cu
そうよ！
今話した酸化と還元は空気中でのことよ
じゃあ水溶液中だとどうかしら？
Joy's
たとえば金属は水溶液中で電子を放出して陽イオンになりやすいわ
イオン化しやすさを表すことを何て言うかな？
化学は苦手ですぅ…
えへへ
あら化学も！でしょ？
うくく～

いい！
これを
イオン化
傾向と
いうのよ！
覚えて
おきな
さいね！
はい！
金属を、イオン化傾向の大きさの順に
並べたものを、イオン化列といいます。

《金属のイオン化傾向》

K＞Ca＞Na＞Mg＞Al＞Zn＞Fe＞Ni＞Sn＞Pb＞H＞Cu＞Hg＞Ag＞Pt＞Au

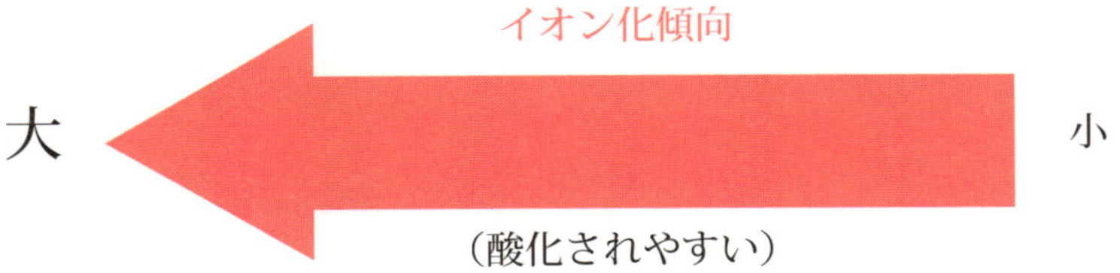
イオン化傾向
大
小
（酸化されやすい）

あのぉ
電池は
どんな仕組みに
なっているん
ですか？
電池というのは
酸化還元反応によって
持続的に
電子を取り出すことで
外部へ電流を流す
装置なのよ

へえ～
電池って
そういう仕組み
なんだ
たとえば
ボルタ電池は
イオン化傾向の
異なる
亜鉛の板と銅板を
希硫酸の液の中に
入れたもの
なのよ
この場合
希硫酸ではなく
食塩水でも
いいわよ

ボルタ
電池？

ボルタ電池は
現在の化学電池の原型で
イタリアの
ボルタという人が
発明したのよ
しかも
1800年によ！

え～
200年以上も
前にですか？
すげぇ～

《ボルタ電池》

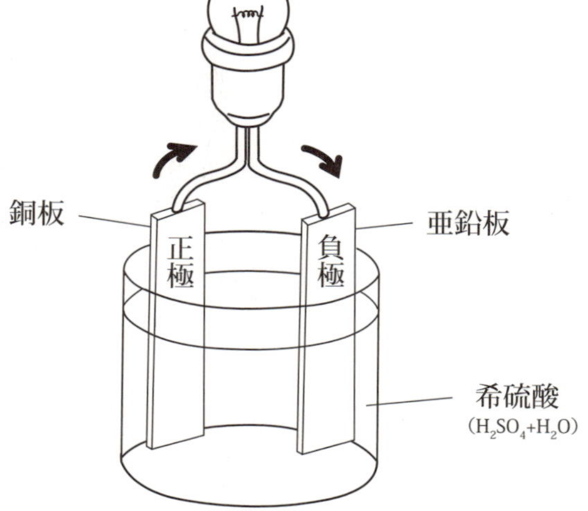
銅板
正極
負極
亜鉛板
希硫酸
($H_2SO_4+H_2O$)

さあこの状態ではイオン化傾向の大きい亜鉛の方が希硫酸中に亜鉛イオンZn^{2+}となって溶け出すわよ
$Zn \rightarrow Zn^{2+} + 2e^{-}$(酸化反応)
すると亜鉛板に電子e^{-}が発生するわ
このときボルタ電池の亜鉛板と銅板を導線でつなぐと亜鉛板に生じた電子はどうなるかしら?
た たぶん導線を通って銅板側に移動するんじゃないですか…
そうよ
そして銅板表面で希硫酸の溶液中の水素イオンと反応することで水素H_2を発生するのよ
H_2

$$2H^{+} + 2e^{-} \rightarrow H_2 \text{(還元反応)}$$

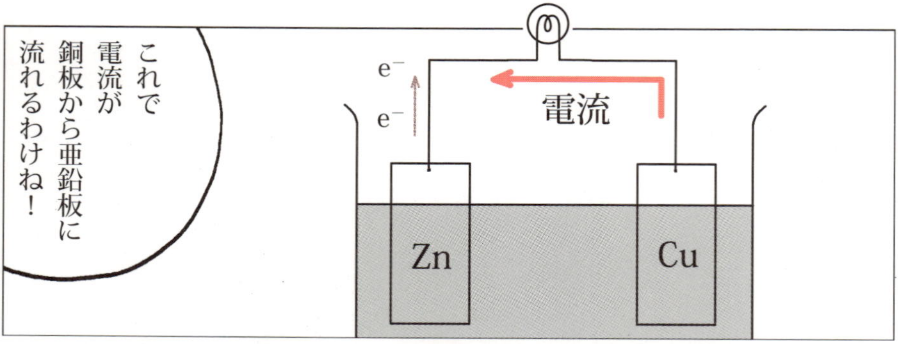
これで電流が銅板から亜鉛板に流れるわけね！
e^-
e^-
電流
Zn
Cu

なるほど！

チェックポイント

・酸化と還元は同時に起こります。
・酸化還元反応において、相手の物質を酸化する物質を酸化剤、還元する物質を還元剤といいます。
・金属は、水溶液中で電子を放出して陽イオンになりやすい。
・ボルタ電池は、イオン化傾向の異なる亜鉛の板と銅板を希硫酸の液の中に入れた電池です。

191
(2) 一次電池

(2) 一次電池
…ところで電池にはどんな種類があるんですか？
大きく分けると一次電池と二次電池それと燃料電池ね
いずれも化学電池よ
一次電池は一度使い切ると再使用できない電池なのよ
マンガン乾電池
アルカリ・マンガン乾電池
たとえばマンガン乾電池やアルカリ・マンガン乾電池などがそうね
じゃあ普段ぼくらが使っている電池だ
そうか！

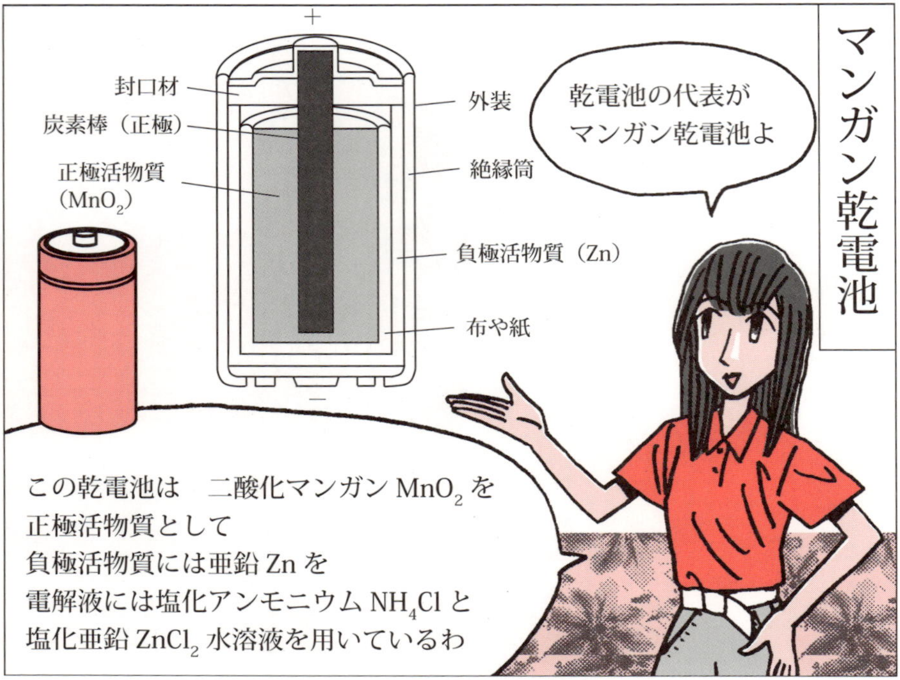
マンガン乾電池
乾電池の代表がマンガン乾電池よ
＋
封口材
炭素棒（正極）
正極活物質（MnO_2）
外装
絶縁筒
負極活物質（Zn）
布や紙
－
この乾電池は　二酸化マンガン MnO_2 を正極活物質として負極活物質には亜鉛 Zn を電解液には塩化アンモニウム NH_4Cl と塩化亜鉛 $ZnCl_2$ 水溶液を用いているわ

この場合、負極の亜鉛は、亜鉛イオンとなって溶け出し、亜鉛板には電子が発生します。

$Zn \rightarrow Zn^{2+} + 2e^-$（酸化反応）

そして、亜鉛板に発生した電子は、外部回路を流れて炭素棒に移動し、二酸化マンガン MnO_2 と結合します。

$MnO_2 + 4H^+ + 2e^- \rightarrow Mn^{2+} + 2H_2O$（還元反応）

マンガン乾電池の起電力は1.5Vだけどこのマンガン乾電池を積み重ねて高い電圧を得ることができるのよ
こうした乾電池を積層乾電池というわよ
Joy's

193
（2）一次電池

アルカリ・マンガン乾電池
舞子先生 アルカリ乾電池って よく聞きますよね？
そうね
アルカリ乾電池は アルカリ・マンガン乾電池のことなのよ
へ～

でも マンガン乾電池も アルカリ乾電池も 見た目は 同じだけど…
たしかに 両方とも 円筒形だものね
でも 構造は 違うわよ…

《アルカリ・マンガン乾電池の構造》

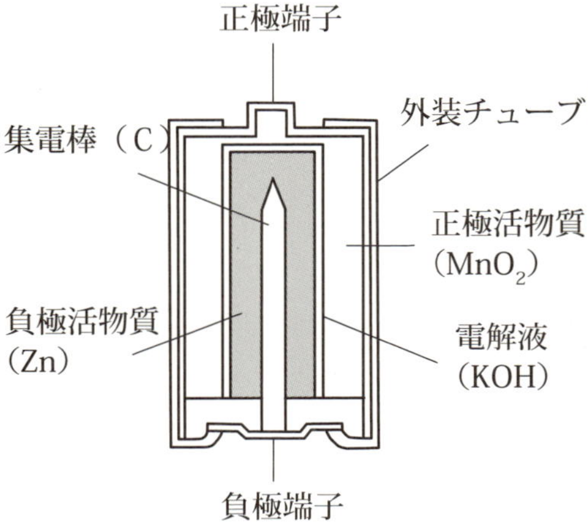

正極端子
外装チューブ
集電棒（C）
正極活物質（MnO_2）
負極活物質（Zn）
電解液（KOH）
負極端子

正極活物質に二酸化マンガン MnO_2 を負極活物質にはゲル状にした亜鉛 Zn をさらに電解液には　カセイカリ水溶液つまり　アルカリ性水溶液の水酸化カリウム水溶液 KOH を用いているわよ
どんな特徴があるんですか？
この乾電池は電解液に pHの変化の少ないカセイカリを用いているから放電による電圧の変化が少ないのよ
じゃあアルカリ乾電池はマンガン乾電池より性能が優れているってことですね
そういうこと！
ボタン形のアルカリ・マンガン電池も普及しているわね
《アルカリボタン電池の構造》
負極活物質（Zn）
－極
ガスケット（絶縁パッキング）
電池容器
セパレータ
＋極
正極活物質（MnO_2）
この電池も　単にアルカリボタン電池と呼ばれているわよ

他には 酸化銀電池や 空気亜鉛電池 リチウム電池 などが あるわね…
酸化銀電池
酸化銀電池は ボタン形電池で アルカリボタン 電池と 構造的に よく似ているわ
でも どこか 違うんでしょ？
アルカリボタン電池が 正極活物質に 二酸化マンガン MnO_2 を 使っているのに対し 酸化銀電池は 酸化銀 Ag_2O を使っているのよ
あれ？ たった それだけ？
そう！
たった それだけ！

空気亜鉛電池
正極活物質に酸素を用いている電池よ
《ボタン形空気亜鉛電池の構造》
負極活物質（Zn）
ガスケット（絶縁パッキング）
－極
電池容器
セパレータ
正極触媒層
＋極
空気孔
シール
空気拡散紙
電池容器の裏の空気孔から空気が自然に入り込むようになっているわよ
へぇ〜
そして負極活物質には亜鉛を使うのよ
Zn
だから空気亜鉛電池と呼ばれているんだね

リチウム電池
《リチウム電池の構造》
＋極
正極活物質
－極
セパレータ
負極活物質（Li）
リチウム電池は負極活物質にリチウム Li を用いているわ
正極活物質には　二酸化マンガン MnO_2 やふっ化黒鉛 $(CF)_n$ や塩化チオニル $SOCl_2$ などが用いられているわよ
どんな特徴があるんですか？
これまで紹介した電池に比べて約2倍の3Vの電圧があるのよ！
たしかメモリのバックアップ用にこの電池を使ってたと思うなぁ
そうよリチウム電池は大きな電気容量で自己放電が少なく貯蔵性も良い
しかも温度特性が良いから電子製品の電源として広く使われているのよ

おまえら いつもの 勉強の 帰りか？
なんだ 境じゃ ねーか
どした？
じ じつは おまえらに 頼みが あるんだ けど…
ん？
なあ 流星に 真矢…
このとおーり
おれも 勉強の仲間に 入れて くんないかなぁ？
……

▸199◂

（2）一次電池

おめーに勉強は似あわねーと思うがなぁ
どうする真矢？
そうだな…
えへへ…
こいつ舞子先生が目当てなんだよな…
相手にされるわけねーじゃんか…
ま　いーだろ？
おまえがいいってんならおれはかまわねーよ
いぇい！
いや～
ありがとうね君たち～
だけど舞子先生がなんて言うかなぁ…

チェックポイント

・一次電池は一度使い切ると再使用できない電池です。

・アルカリ乾電池は、電解液にpHの変化の少ないカセイカリを用いているので、放電による電圧の変化が少ないです。

・リチウム電池は、大きな電気容量で自己放電が少なく貯蔵性も良く、電子製品の電源として使われています。

(3) 二次電池
M
マイケル
ふ~ん 境君ね…
はい! 境龍太朗と いいます
流星君と 真矢君とは 大の親友です!
おいおい いつからこいつと 親友に なったんだ よぉ~
なって ね~よ …
ニコニコ

がんばってね！
はい！
よろしくお願いしまぁす！
これまでの内容でわからないところは流星君と真矢君にちゃんと聞いておいてね
逆戻りしないで先へ進むから…
大丈夫です
こう言っちゃなんですがこいつらよりか頭いいですから！
こ　こんのやろ～
連れてくんじゃなかった～
この間は一次電池について話したので…
今日は二次電池について話します
はい
お願いします
キリっ

▸203◂
(2) 二次電池

お願いしまあぁす！
い　いいですか…
二次電池は充電して繰り返し使える電池のことよ
たとえば鉛蓄電池やアルカリ蓄電池などがそうよ
じゃあ境君
一次電池と二次電池の違いを言ってくれる？
ドキッ

さ
さあ～
わかりません…
一次電池は一度使い切ると再使用できないけど二次電池は今聞いたように充電できるから繰り返し使えるんじゃないですか！
あせあせ
流星
たぶん正解だよ！
まあな！
え？
そのとおりよ
お
おれの知らないことを…
アホのこいつらが知ってた…
ショックゥ～

205

（2）二次電池

鉛蓄電池
鉛蓄電池は 正極に 二酸化鉛 PbO_2 を 負極に鉛 Pb を そして　電解液には 希硫酸 H_2SO_4 を 用いるのよ
《鉛蓄電池》
自動車用鉛蓄電池
自動車や船舶などで 移動用や予備電源として 利用される 代表的な蓄電池よ

じゃあ　車の バッテリーなどは 鉛蓄電池なんだ…
鉛蓄電池は 放電すると 水ができ 電解液の比重が 下がるわよ
てことは　つまり 電解液の濃度が 水が発生したことで 下がるってことでしょ

そうよ
そのために電圧が低下してしまうから充電によって電圧を回復させるのよ！
舞子先生
たとえば充電しすぎるといったいどうなるんですか？
電解液中の水が電気分解するわ
それによって正極からは酸素ガスが負極からは水素ガスが発生するのよ
ふ〜ん
なるほどね…
こ こいつら…
いつの間にかアホじゃなくなってる…
ウソだろ

207

（2）二次電池

アルカリ蓄電池
アルカリ蓄電池というのはアルカリ性電解液を使用する蓄電池のことよ
《ニッケル・カドミウム蓄電池の構造》
負極端子
正極活物質 (NiO(OH))
セパレータ、電解液 (KOH)
正極端子
負極活物質（Cd）
代表的なのがニッケル・カドミウム蓄電池ね
ニッケル・カドミウム蓄電池ということはニッケルとカドミウムを使った蓄電池ってことですよね？
ええ
正極にオキシ水酸化ニッケル NiOOH 負極にカドミウム Cd 電解液には水酸化カリウム KOH を使っているのよ
たしか水酸化カリウム水溶液はカセイカリ水溶液でしたよね？
そうかアルカリ乾電池の電解液に使われていたんだっけ
一次電池のな！

そうそう…
……
な　なんかしゃべらないとおれが舞子先生にアホだと思われてしまう…
過充電になると鉛蓄電池のようにガスが発生します
アアルカリ蓄電池はアルカリ性ですか？
おい境～電池に酸性とかアルカリ性とかってあるか？
ねーだろ
……
そうね
アルカリ性の電解液を使っているだけよ…

209

（2）二次電池

二次電池には、他にニッケル・水素蓄電池があります。この蓄電池は、正極にオキシ水酸化ニッケル、負極に水素吸蔵合金、電解液には水酸化カリウム水溶液が用いられます。
でですよね…

Ⓟ チェックポイント

- 二次電池は充電して繰り返し使える電池です。
- 鉛蓄電池は、放電すると水ができ電解液の比重が下がります。
- アルカリ性電解液を使用するアルカリ蓄電池には、ニッケル・カドミウム蓄電池などがあります。

（4）電解化学
水を電気分解するとどうなるかしら？
水素と酸素が発生します！
境君それでいい？
は　はい…
正解！
いえい！
いえい！
いえい…
電気分解によって一般に　純度の高い物質が製造できることから工業分野でも電気分解が利用されているのよ
このように電気分解で工業製品を作る産業を電解化学工業と呼んでいます！

食塩水を電気分解するとかせいソーダと塩素と水素ができるわよ
かせいソーダ？
水酸化ナトリウム
NaOH のことよ

かせいソーダって何に使われているんですか？
NaOH
水酸化ナトリウムは、化学式 NaOH で表される無機化合物で、ナトリウムの水酸化物であり、ナトリウムイオンと水酸化物イオンよりなるイオン結晶です。
強塩基（アルカリ）として多量に用いられ、工業的に非常に重要な基礎化学品のひとつです。
主に化学繊維や化学薬品や紙パルプの製造に利用されているわ
かせいソーダは導電率を高める目的で水に加えて使うのよ

じゃあ塩素は何に？
塩素は染料や塩酸塩化ビニルの製造に利用されるわね

塩素は非常に酸化力が強く、有機物を分解することができます。たとえば、台所にある塩素系の漂白剤には高濃度の塩素が入っています。漂白によって、有機物の構造が壊され脱色します。

かせいソーダの
製造には
イオン交換膜法が
用いられているのよ

［イオン交換膜法によるかせいソーダの製造］

陽イオン交換膜は陽極室にできたNa^+を陰極室に通します。しかし、他のイオンは通さない膜です。そのため、陰極室には、この陽イオン交換膜によって不純物が入ってこないので、純粋なかせいソーダを製造することができます。

《食塩水の電気分解》

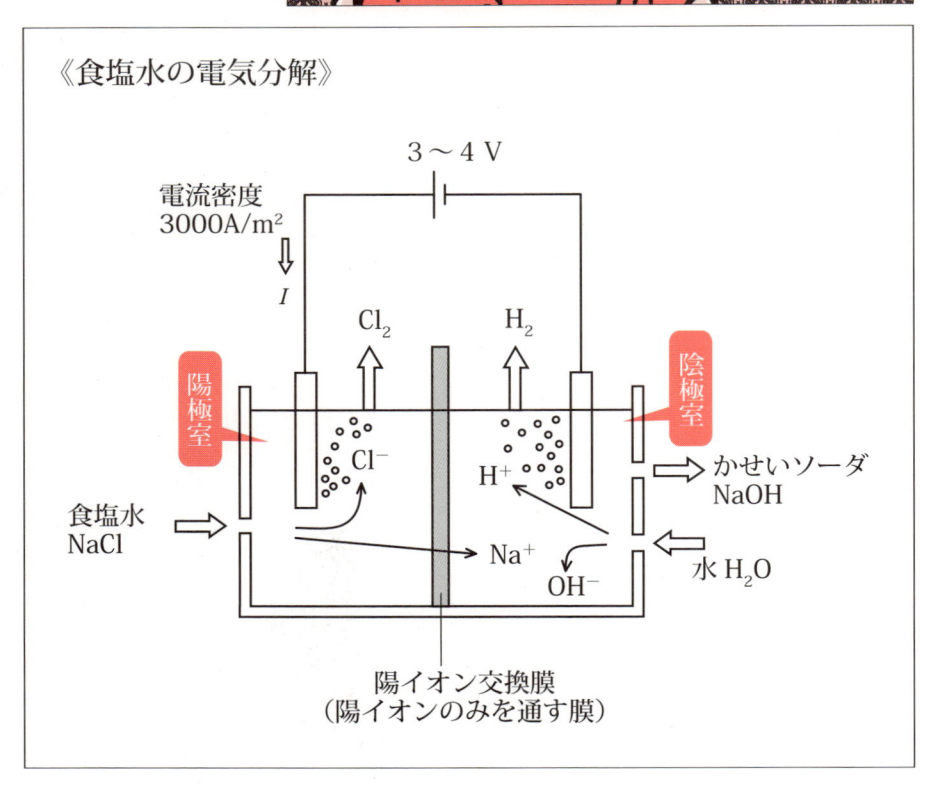

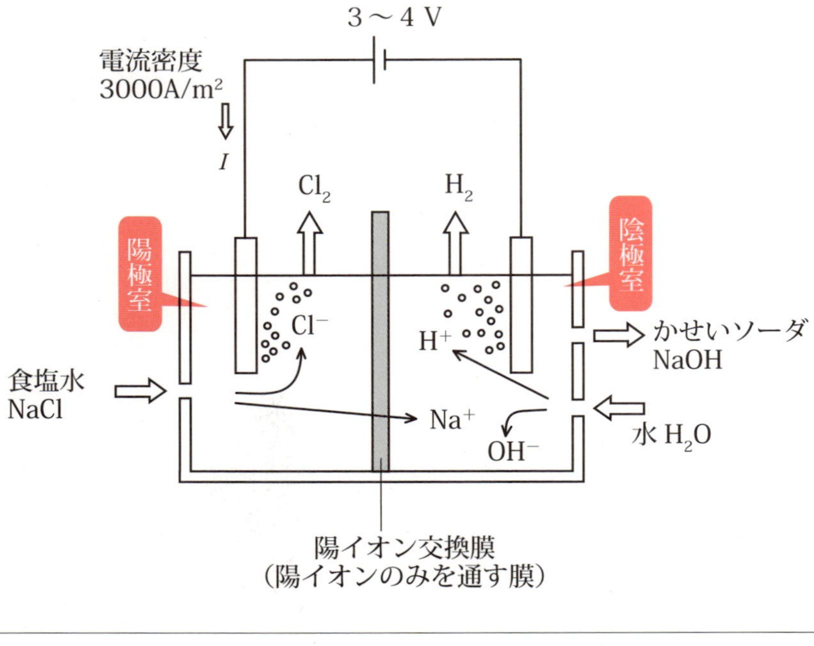
3～4 V
電流密度
3000A/m²
I
Cl₂
H₂
陽極室
陰極室
Cl⁻
H⁺
かせいソーダ
NaOH
食塩水
NaCl
Na⁺
OH⁻
水 H₂O
陽イオン交換膜
（陽イオンのみを通す膜）

ナトリウムやマグネシウム アルミニウム カルシウムなどの金属は 水素よりも イオン化傾向が 大きいわよね
はい！
そうした 金属は そのイオンを含む 電解液を 電気分解したとしても 先に水素が陰極に 析出されてしまうから これらの金属を 取り出すことはできないの
ど どうして ですか？
水素より ナトリウムや マグネシウム などが イオンに なりやすい からだよ
な なんで？
水素より イオン化 傾向が 大きいからさ
…？
境！
おまえ ひょっと して イオン化傾向 知らないだろ？

いいか イオン化傾向と いうのはな…
待てよ 真矢
舞子先生は この後 妹の 家庭教師やんなきゃ なんないんだ
しゃーない 境には おれらで 教えといて やろう
そうか! 未来ちゃんの 家庭教師か…
そういうわけで 舞子先生 進めちゃって ください
境!
後で 教えて やっから な…
これじゃあ まるでおれが アホみたい じゃんか…
…こんなときは これらの金属塩や 酸化物を 融点以上に 加熱して やるのよ
ふむ ふむ
なるほど…
そうすると 電離が行われて 導電性のある 溶融塩になるわ…
わ わからん

つまり
この溶融塩を
電気分解して
金属を
取り出すことが
できるのよ…
ガシャッ

《アルミニウムの溶融塩電解》

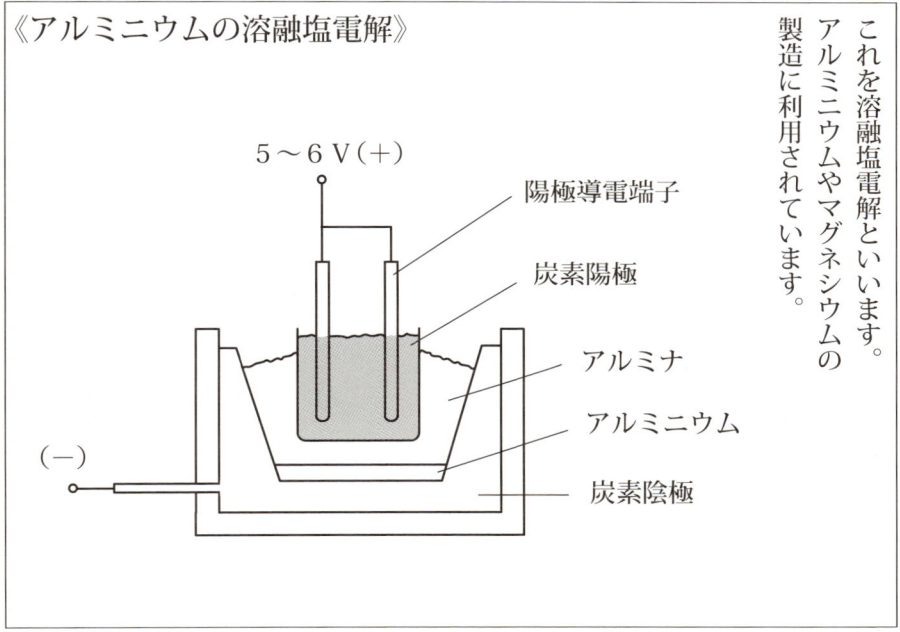

これを溶融塩電解といいます。アルミニウムやマグネシウムの製造に利用されています。

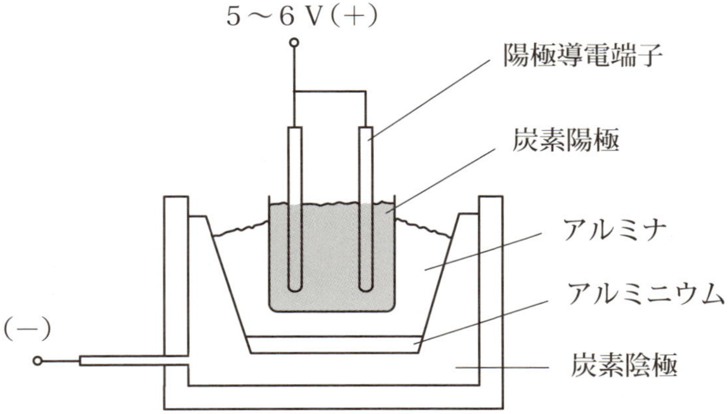
5～6 V(+)
陽極導電端子
炭素陽極
アルミナ
アルミニウム
(−)
炭素陰極

チェックポイント

- 電気分解で工業製品を作る産業を電解化学工業と呼んでいます。
- 溶融塩を電気分解することで金属を取り出すことができます。

(5) 電気めっき

いいか境
イオン化
傾向と
いうのは…
ポイ
たしかにおれはおまえらに卓球では勝てないよ
悔しいけどおまえらの方が卓球強いよ
だからせめておまえらより頭がいいってことでおれは自分自身を立ててきたんだ！
さ・か・い〜
ちきしょー
なのになんだよぉ！
おまえらいつのまにかおれよりか頭まで良くなってるじゃねーか！

217
(5) 電気めっき

しょーがねーだろ マジで 勉強してんだから
おれらだって 追試という つら～い試練を 乗り越えて ここまで きたんだぜ
なあ 真矢
ああ
こうなったら おれは 勉強の鬼に なってやる！
おまえらには ずえったいに 勉強では 負けない！
早く おれに 勉強 教えろ！
それが 教わる者の 態度か？
うるせえ！ 教えろ！
ゲラウト！
お客さん！ うるさいので 出てって ください！

さ・か・い・ちゃ～ん
舞子先生！
改めてよろしくお願いします！
過去の境龍太郎は忘れてください！
は　はい…

219
(5) 電気めっき

ある金属の表面に別の金属の薄い膜を付けることをめっきというわよ
めっきは装飾目的が多いと思うのですが最近は工業用のめっきも多くなっているようですね！
え！
そ そうよ…
境君 やる気満々だわね…
はい！
これが本来のぼくですから！
おい おい～
舞子先生 めっきの方法は？
あ！ そうそう
電気分解によって陰極の表面に金属を付着させる電気めっきという方法が主流よ
主流ということは他にも方法があるんですね？
あるわよ…

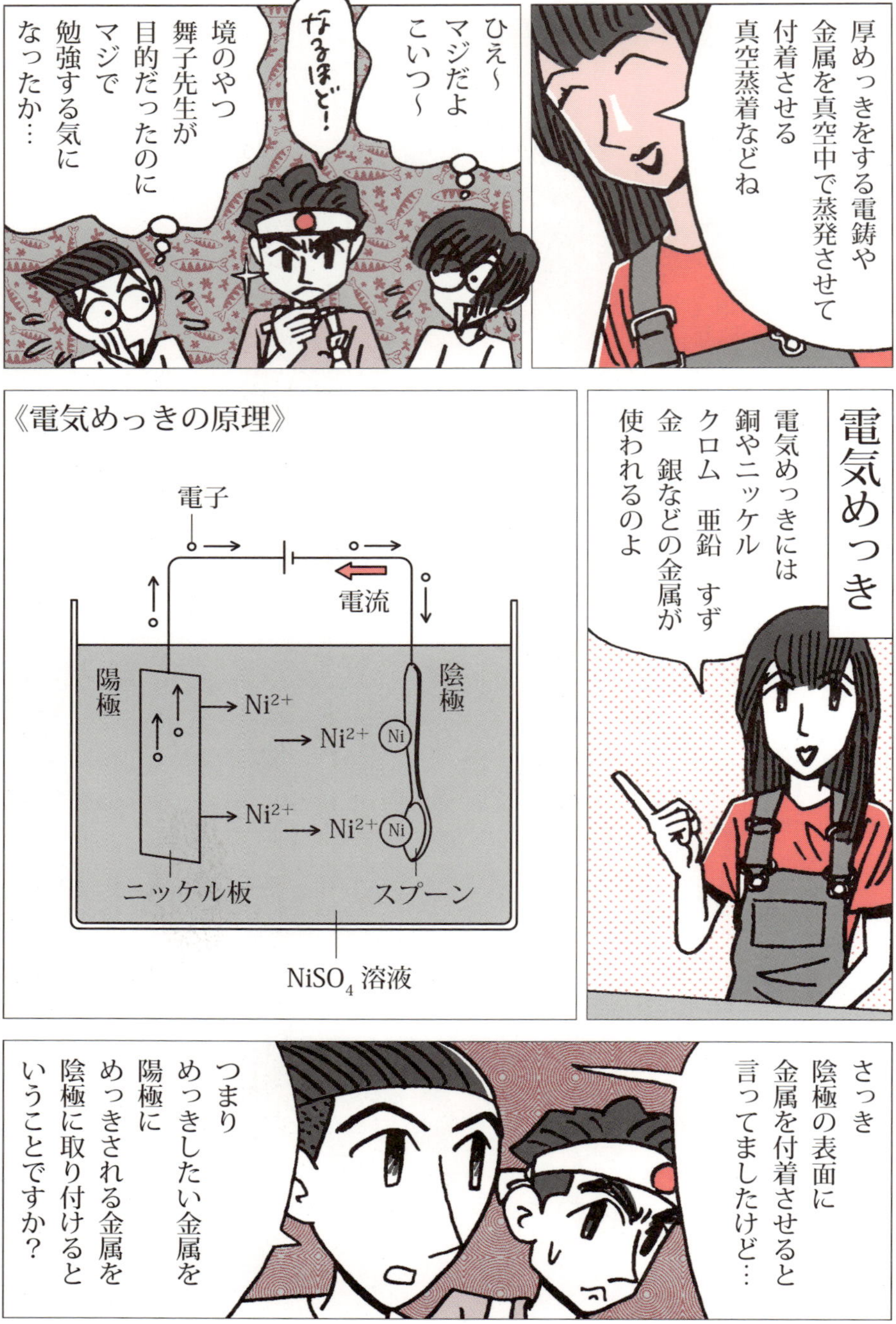
厚めっきをする電鋳や金属を真空中で蒸発させて付着させる真空蒸着などね
ひえ～マジだよこいつ～
なるほど!
境のやつ舞子先生が目的だったのにマジで勉強する気になったか…
電気めっき
電気めっきには銅やニッケルクロム　亜鉛　すず金　銀などの金属が使われるのよ
《電気めっきの原理》
電子
電流
陽極
陰極
Ni^{2+}
Ni^{2+}
Ni
Ni^{2+}
Ni^{2+}
Ni
ニッケル板
スプーン
$NiSO_4$ 溶液
さっき陰極の表面に金属を付着させると言ってましたけど…
つまりめっきしたい金属を陽極にめっきされる金属を陰極に取り付けるということですか?

221
(5) 電気めっき

そうよ
めっきしたい金属イオンを含む水溶液中で電気分解して陰極に金属を析出させるという方法よ
なるほど…
電鋳《ちゅう》
電気めっきによって原形を複製することが電鋳よ
これは電気めっきより厚いめっきなのよ
電鋳の鋳という字は鋳型の鋳ですよね
てことはもしかして鋳型と関係あるんですか？

たしかに鋳型が作れるわよ
電鋳は原形の凹凸を精密に複製できるから彫刻工芸品の複製や皮革などの天然物の模様からプレス形ロールの製作などに利用されているのよ
最近は少なくなったけどレコードの原盤もこの電鋳を使って製作していたのよ
え？金属以外でもめっきできるんですか？
ええ！
原形が金属ならその上に直に電鋳を行うけど…
粘土や石膏プラスチックといった可塑性物質の型を使う場合は黒鉛粉や銅粉などをその上に塗布して電気めっきを行うのよ
黒鉛粉や銅粉
（粘土や石膏など）

《電鋳》
黒鉛粉や銅粉を塗布
原形
凹形
それはつまり電気を通りやすくするためですか？
そうよ…

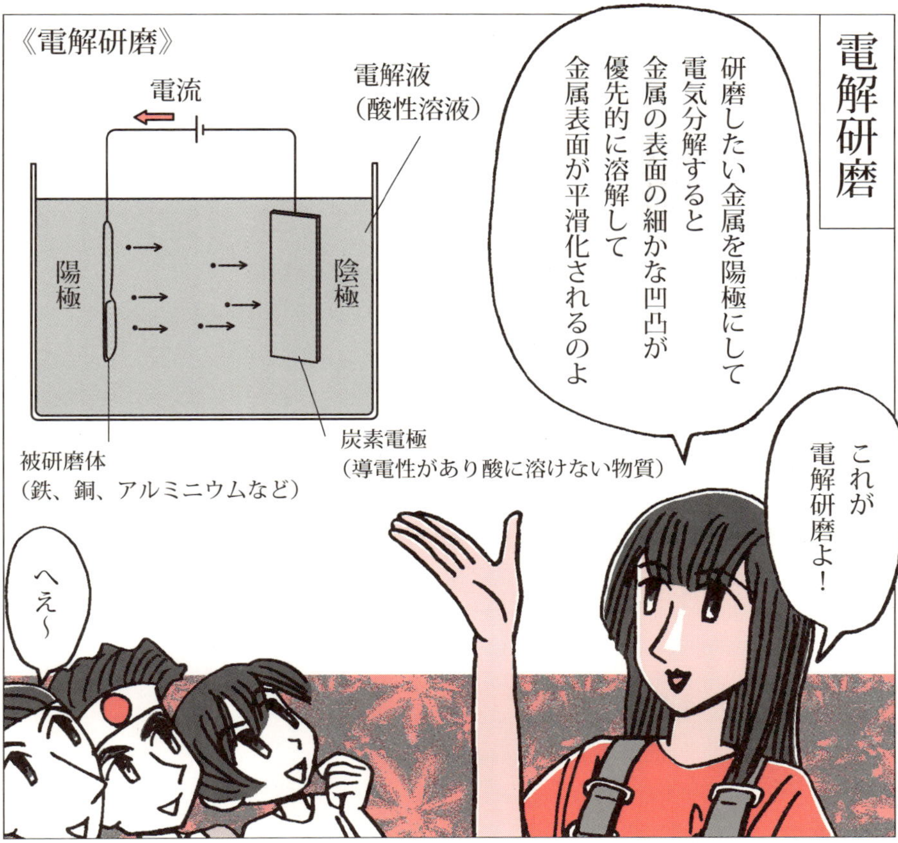
《電解研磨》
電流
電解液（酸性溶液）
陽極
陰極
炭素電極（導電性があり酸に溶けない物質）
被研磨体（鉄、銅、アルミニウムなど）
電解研磨
研磨したい金属を陽極にして電気分解すると金属の表面の細かな凹凸が優先的に溶解して金属表面が平滑化されるのよ
これが電解研磨よ！
へえ〜

電解研磨は適当な電解液の中で比較的短時間に研磨できるのよ
しかも光沢が奇麗で耐食性も良くなるわ
じゃあ機械で研磨するより便利ですね
そうね
電解研磨ってどんなところに使われていますか？
たとえば精密機械部品や洋食器などの研磨に使われているわね
なるほど！
つまりスプーンやフォークなどですね！

225

（5）電気めっき

それと美術工芸品などにも利用されているわよ
わかりました！
輝いてるねさかいちゃん…

チェックポイント

- 電気めっきは、電気分解によって陰極の表面に金属を付着させます。
- 電気めっきでは、めっきしたい金属を陽極に、めっきされる金属を陰極に設置します。
- 電気めっきによって原形を複製することを電鋳といいます。
- 電解研磨では、研磨したい金属を陽極にして電気分解します。

第五章　電気鉄道

(1)電気鉄道の特徴
…鉄道に電気が使われていることはわかるわね?
はい!
どんな特徴があるかは蒸気機関車やディーゼル車と比較するとわかりやすいわね
まずエネルギーの利用効率が良いことと輸送力がアップできることね

227
(1) 電気鉄道の特徴

運転も楽なんじゃないかなぁ？
それと電化することで自動制御もできるわけだし…
蒸気機関車ってテレビでしか見たことないけど石炭を燃焼させて煙をはきながら走るやつでしょ
だけど電車は煙をはかないで走れますよね
だいたいの特徴はわかっているようね
でも課題がたくさんあるのよ
課題ですか？

電気鉄道は地上設備が多いから維持管理が大変なの
それに地上設備が故障すると電車の運転に支障がでるわよね
51051
なるほどね…
まだあるわよ
通信線への誘導障害や地中管の電食被害も考えなきゃね
電食被害？
後で話すけど電気鉄道というのはレールを通して電流が流れているのよ
そして大地に流れた電流のために電気分解作用が起き埋設してある金属体が腐食してしまうのよ
ふうん…

229
（1）電気鉄道の特徴

ところで…
電車って直流ですか？交流ですか？
う〜ん流星君いい質問ね
じつは電気鉄道の電気方式には直流方式と交流方式があるのよ！
じゃあ直流も交流も両方あるってことですか？
そうよ！
ど どうして直流と交流があるの？

日本では　当初直流方式が採用されていたのよ
それっていつごろの話ですか？
明治後期から鉄道の電化が始まったのよ
でも1945年ごろまでに電化されていた地域は都市部近郊や山岳区間などの一部の幹線に限られていたの
へ～
ずいぶん古いんですね…
ええ
それで第二次大戦後当時の国鉄では動力の近代化を推進するために全国規模の電化計画とその方式について検討したのよ
それまでは日本における鉄道の電化方式は直流方式だったわけでしょ…
ところがヨーロッパでは直流方式よりも経済的に優れた交流方式が普及しつつあったのよ
一方その頃の日本では交流方式は未経験で開発途上にあったわけね…

231
（1）電気鉄道の特徴

そして、１９５３年、全国規模で急速に電化を進めていくには、直流方式よりも建設費や地上設備費を低く抑えられる交流方式が有利であるということで、実用に向けた研究が進められました。

…ということで国鉄では仙山線で交流電化の試験を実施し交流を車両に搭載した変圧器や整流器によって直流に変換してモーターを駆動する技術を完成させたのよ
つまり従来からあった直流方式と新たに導入された交流方式が混在してるってことですね

それで直流方式と交流方式の違いって？
直流方式の電車は電車の設備が基本的にはモーターだけなので製作コストの安い電車を作ることができるわ
でも変電所や送電設備などに費用がかかるのよ
直流方式
一方の交流方式は高電圧にして送電すれば送電損失を低減できるわ
交流方式
つまり変電所の数を減らすことができるのよ

じゃあ地上設備は直流方式の方がコストがかかって車両設備は交流方式の方がかかるってことだね
うん…
なるほどそういうことか…
ようするに電車の本数が多い大都市近郊路線には直流方式が適しているのね
一方で電車の本数がさほど多くない地域には交流方式が適しているということかしら
また交流方式は少ない電流で大きな電力を車両に供給することができるわよ
この点が新幹線に交流方式が採用された重要なポイントだと思うわ
へえ〜そうだったんだ…

[電気方式による分類]

①直流（DC）方式…600V（都電などの路面電車）、1500V（JR 在来電車など）

②交流（AC）方式…AC20kV（JR 在来電車の交流電化区間）、AC25kV（新幹線）

でも新幹線以外のほとんどの鉄道が直流1500Vを使用しているのよ
交流方式だとたしか東日本と西日本では周波数が違いましたよね？
たしかに交流方式では線区によって50Hzまたは60Hzの交流が使われているわよ
どうして東日本と西日本で周波数が違うの？
不便だと思うけど…

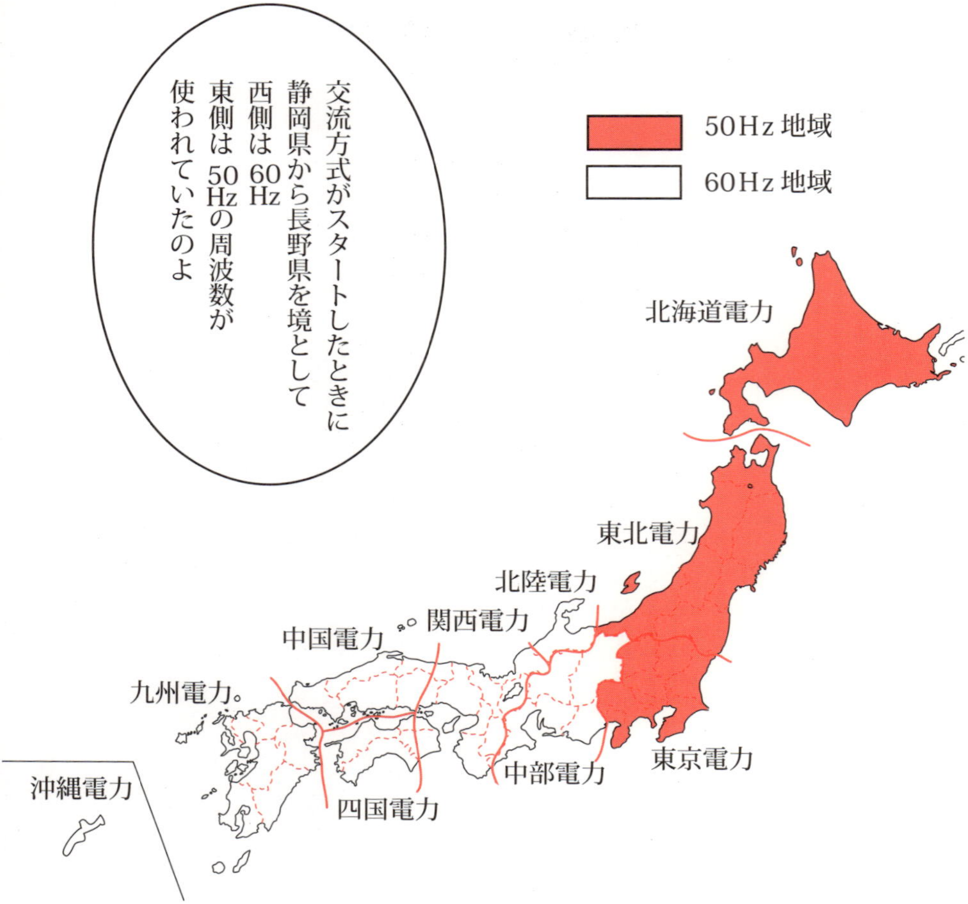
交流方式がスタートしたときに静岡県から長野県を境として西側は60Hz東側は50Hzの周波数が使われていたのよ
50Hz 地域
60Hz 地域
北海道電力
東北電力
北陸電力
関西電力
中国電力
九州電力
東京電力
中部電力
四国電力
沖縄電力

え〜
なんで?
じつは　日本が発電技術を輸入したときに西日本にはアメリカの発電機が輸入され東日本にはドイツの発電機が輸入されたためなのよ

つまり西日本が採用したアメリカの発電機は60Hzで東日本が採用した発電機が50Hzだったんだ
そういうことね！
なんだよぉ同じにすりゃあよかったのにぃ
あるね！
日本てこんなとこあるよね
あるある！
たしかに…
交流方式には2種類あります。ひとつは、交流電圧を車内で整流して直流直巻電動機を作動させる方式です。さらに、インバータを用いて交流電動機を作動させる方式です。

Ⓟ チェックポイント

- 電気鉄道は、エネルギーの利用効率が良く輸送力がアップできます。
- 運転も楽で煙もはかず、電化することで自動制御もできます。
- 電気鉄道の電気方式には、直流方式と交流方式があります。

(2) 鉄道線路
真矢！おまえはまたソーダ水かガキだなー
う うるせえ境！
飲み物で人を判断するな！
おれはアイスコーヒーね
鉄道線路は車両の荷重を支えて道案内となる軌道と電車に電力を供給する電車線路から構成されているのよ
軌道…

237
(2) 鉄道線路

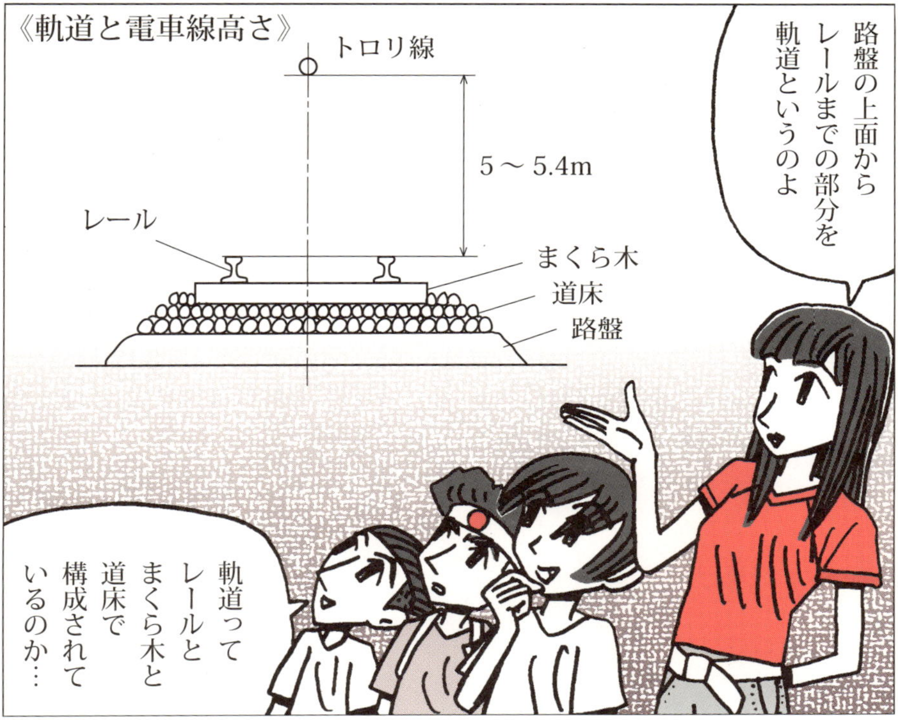

《軌道と電車線高さ》
トロリ線
5 ～ 5.4m
レール
まくら木
道床
路盤
路盤の上面からレールまでの部分を軌道というのよ
軌道ってレールとまくら木と道床で構成されているのか…

レールは、鉄道車両の荷重を支えるので、車輪を正しく安全に導く大事な役割を担っています。JR では、以前から 1 m当たりの重量が 30kg、37kg、50kg のレールが使われています。長さは、25m が標準です。

舞子先生
2本のレールの幅ってどのくらいあるんですか？

レール頭部の内側の間隔を軌間といって…
軌間…
標準の軌間つまり標準軌は１．４３５ｍと決まっているわ

標準軌より広い軌間を広軌、狭い軌間を狭軌といいます。
軌道
狭軌＝1067mm（ＪＲ　在来線、私鉄）
雑軌＝1372mm（一部の私鉄で使用されています）
標準軌＝1435mm（新幹線や私鉄の一部）
広軌＝標準軌より広い。
わが国では使用されていません。
日本の鉄道って線路が他の国より狭いって聞いたことがあるんですけど…
そのとおりよ
世界的には標準軌が一般的だけど…
日本の場合は新幹線などが標準軌である他はほとんどの鉄道で1．067mの狭軌を使用しているのよ
51051
あのぉ レールってどこまでも直線てわけじゃありませんよね？
そうね
地形等の事情から軌道が曲線になるのはしょうがないわね

線路って急なカーブは危険でしょ？
曲線のルールとかはあるんですか？
脱線事故あったしな…
軌道の曲線の度合いはその円弧の半径で表すんだけど…
本線では200m以上が必要よ
200m以上
半径
中心点
つまり半径が200m以上の緩やかな曲線ということですか…
なるほど…
それでも なおレールが直線から曲線になる部分では車両が揺れたり脱線の危険性も起きやすいわね
うん そうかも…
それでどんな対策をとっているんですか？
たしかに…
直線と曲線との間…
つまりレールがカーブにさしかかった付近に緩和曲線という曲線を入れるのよ

カーブの前のゆるいカーブってことですね
そう
さらに　曲線部にスラックを付け曲線部の外側のレールを高くしてカントを付けるのよ
《カント》
軌間
カント
θ
このようにね…

軌道のこう配は、２点間の高低差を２点間の水平距離で割った数字で、最大10～25パーミル〔‰〕です。

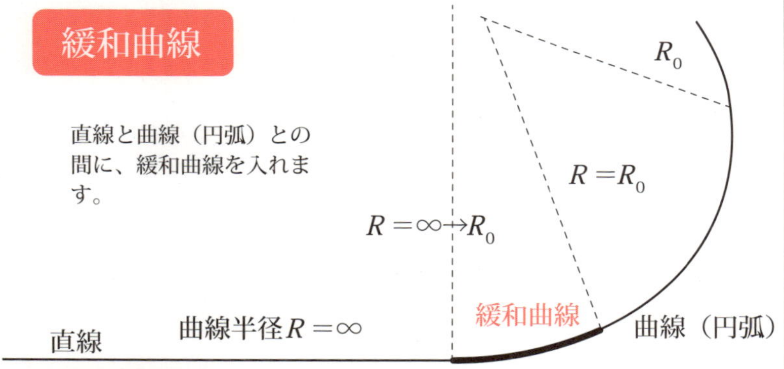
緩和曲線
直線と曲線（円弧）との間に、緩和曲線を入れます。
R_0
$R=R_0$
$R=\infty\to R_0$
緩和曲線
曲線半径$R=\infty$
直線
曲線（円弧）

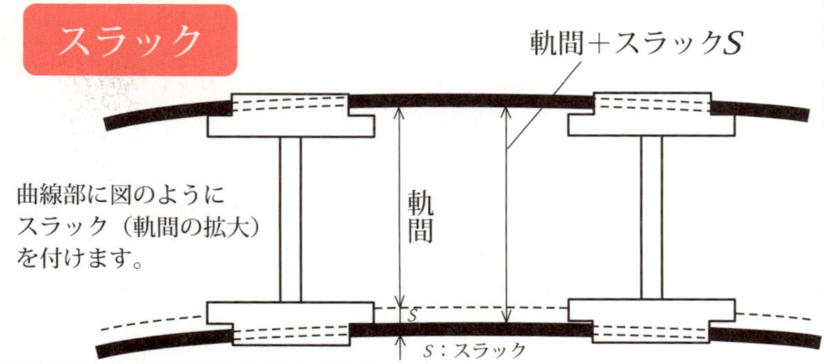
スラック
軌間＋スラックS
曲線部に図のようにスラック（軌間の拡大）を付けます。
軌間
S
S：スラック

曲線内側のレールを曲線内方に広げ、軌間を少し広げます。この軌間の拡大をスラックといいます。

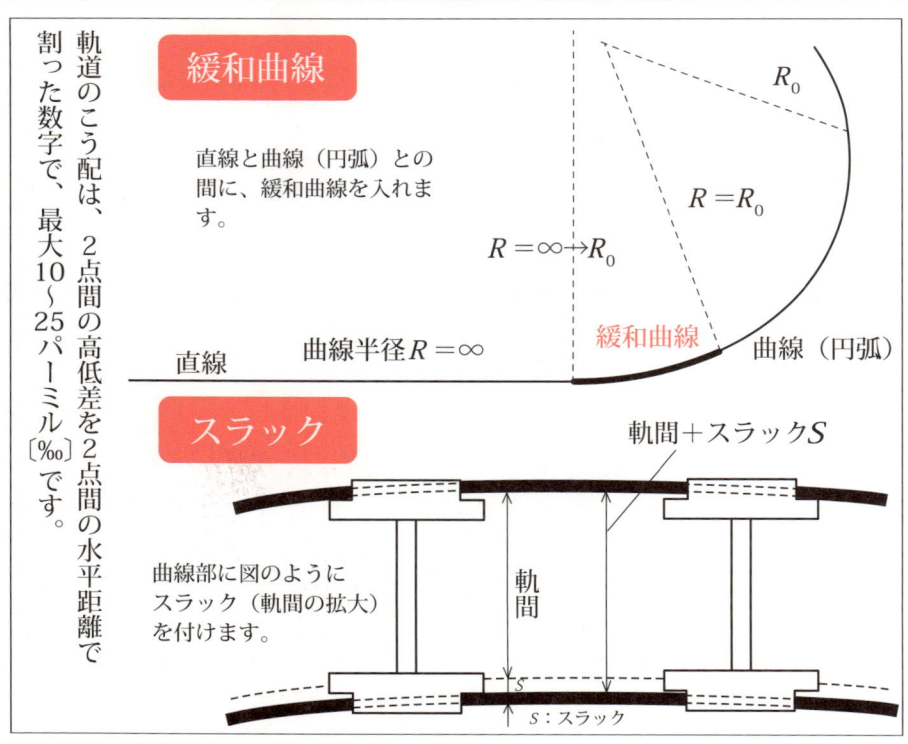

電車線路
線路の上を電車が走る仕組みってどうなっているんですか？
まず　電車を運転するには送電線から受けた電力を電車運転に適した形に変換します
そのためには変電所が必要ね
さらに変電所から電車に電力を供給するための…つまり給電のための電線路を敷設しなければならないわね

でも電力はどうやって供給するんですか？
軌道に沿って線路の真上にトロリ線が設置されているのよ
そのトロリ線に集電装置を接触させ電流を電車内に取り入れて電車を運転しているのよ

レールの頂点からトロリ線までの高さ（軌道面上の高さ）は、5m以上5.4m以下と定められています。

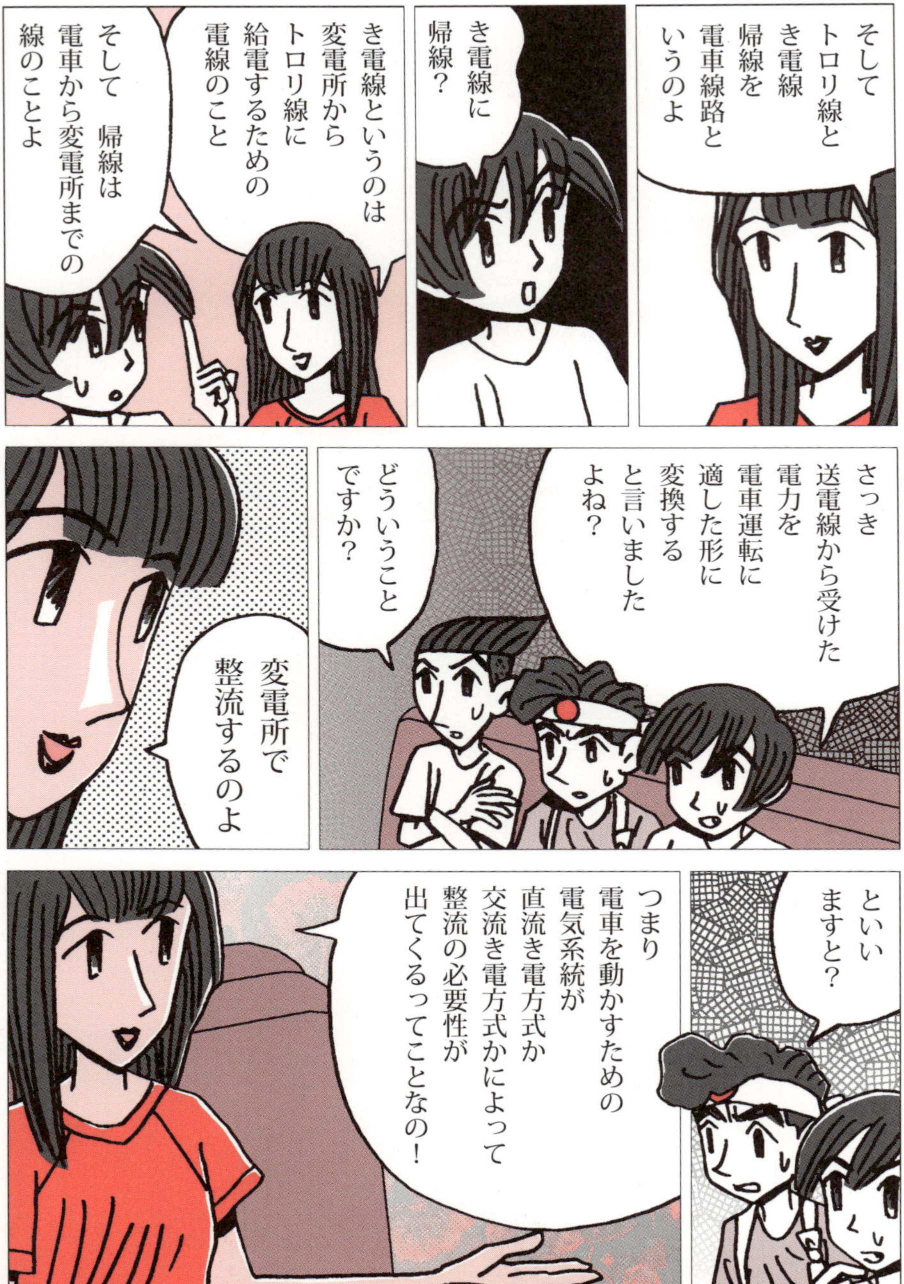
そして トロリ線と き電線 帰線を 電車線路と いうのよ
き電線に 帰線？
き電線というのは 変電所から トロリ線に 給電するための 電線のこと
そして　帰線は 電車から変電所までの 線のことよ
さっき 送電線から受けた 電力を 電車運転に 適した形に 変換する と言いました よね？
どういうこと ですか？
変電所で 整流するのよ
といい ますと？
つまり 電車を動かすための 電気系統が 直流き電方式か 交流き電方式かによって 整流の必要性が 出てくるってことなの！

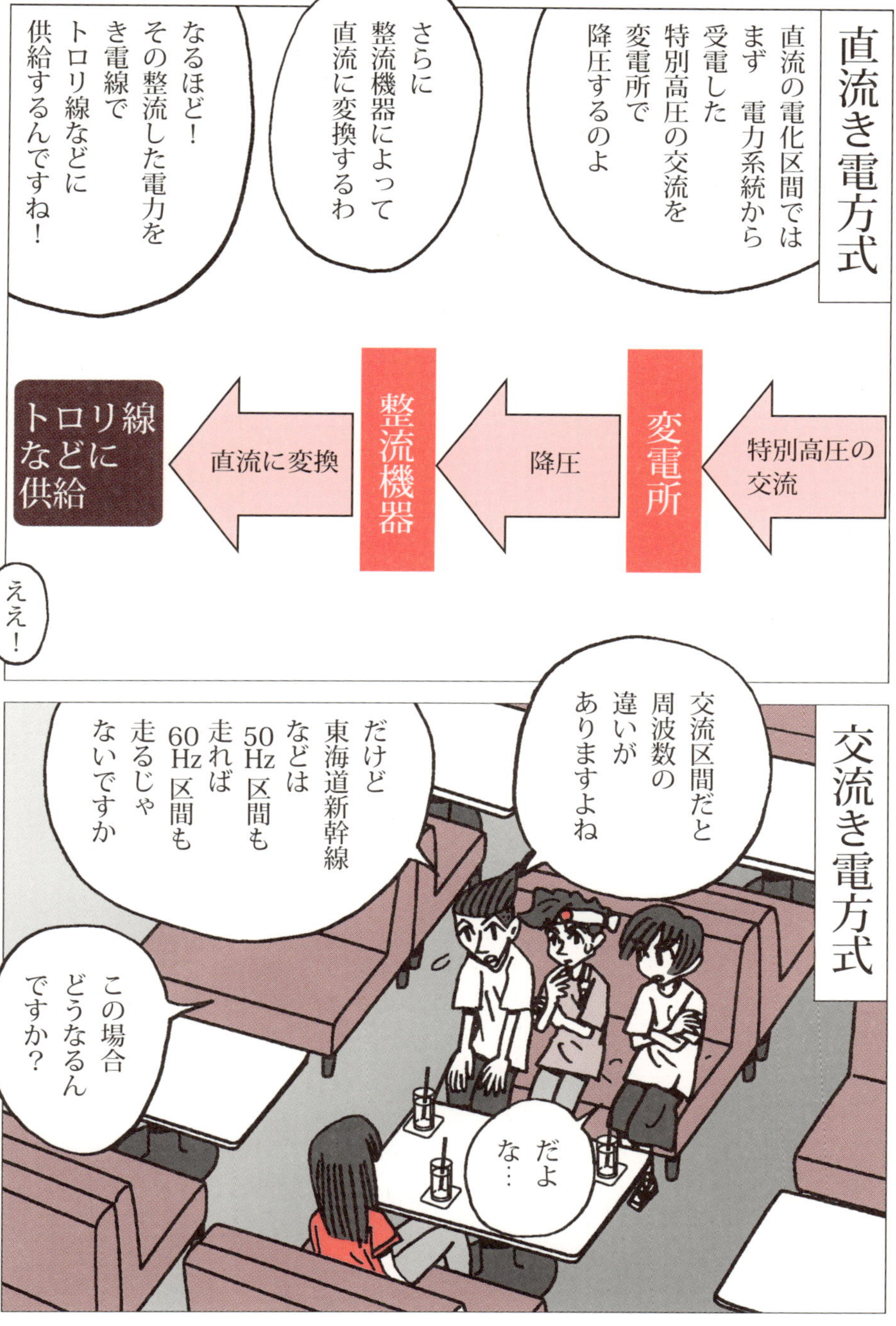
直流き電方式
直流の電化区間ではまず　電力系統から受電した特別高圧の交流を変電所で降圧するのよ
さらに整流機器によって直流に変換するわ
なるほど！その整流した電力をき電線でトロリ線などに供給するんですね！
特別高圧の交流
変電所
降圧
整流機器
直流に変換
トロリ線などに供給
ええ！
交流き電方式
交流区間だと周波数の違いがありますよね
だけど東海道新幹線などは50Hz区間も走れば60Hz区間も走るじゃないですか
この場合どうなるんですか？
だよな…

まず東海道新幹線の場合は60Hzと決めているわよ
でも電力系統は50Hzの地域もあれば60Hzの地域もありますよ
あるある…
50Hzの地域を走る場合はその地域から給電される電力を周波数変換器で60Hzに変換するのよ！
そうか！
じゃあ周波数を変換してき電しているんだ…
なるほど…
そうだったのか！
ふむふむ…
勉強になるなぁ
流星や真矢が急に賢くなったわけだ…

《き電方式》

（a）直流き電方式

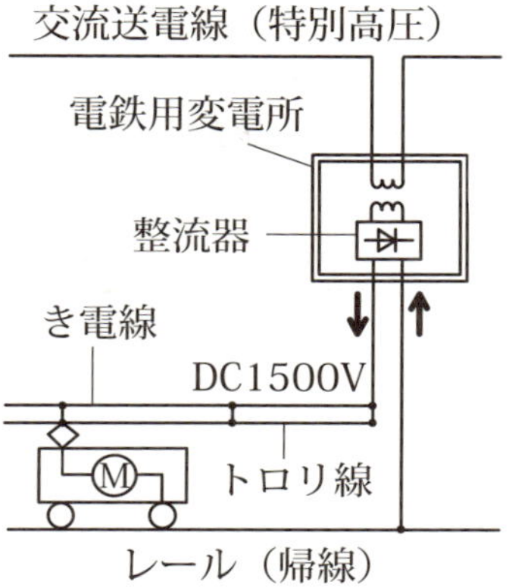
交流送電線（特別高圧）
電鉄用変電所
整流器
き電線
DC1500V
M
トロリ線
レール（帰線）

（b）交流き電方式

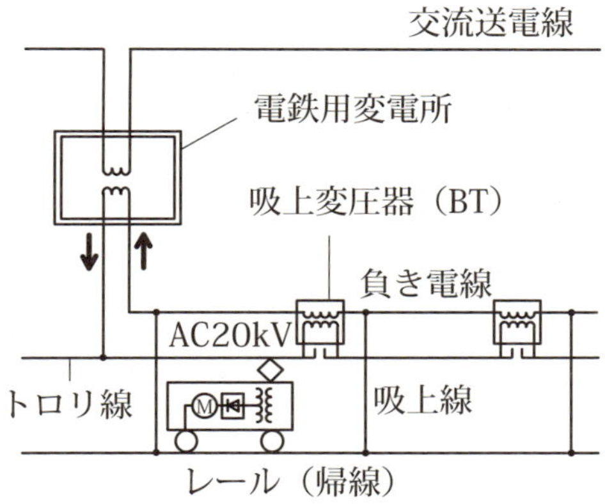
交流送電線
電鉄用変電所
吸上変圧器（BT）
負き電線
AC20kV
M
トロリ線
吸上線
レール（帰線）

がんばってるな流星…
東東京大学でも受ける気かなぁ…
え～と…

もうすぐ夏休みも終わるなぁ…
流星と真矢にはずえったいに負けないぞ…

チェックポイント

・鉄道線路は、軌道と電車線路で構成されています。
・世界的には標準軌が一般的ですが、日本では新幹線以外のほとんどが狭軌を使用しています。
・レールの直線と曲線との間に緩和曲線という曲線を入れます。
・レールの曲線部にスラックを付け、曲線部の外側のレールを高くしてカントを付けます。
・トロリ線に集電装置を接触させ、電流を電車内に取り入れて電車を運転しています。
・トロリ線とき電線と帰線を電車線路といいます。

（3）電車の速度制御
電車の速度を制御する方法には電圧制御法や界磁制御法サイリスタ制御法インバータ制御法などがあるわよ
ミ～ンミ～ン
ちなみに電圧制御法は供給する電圧を操作して　電車を制御する方法で抵抗制御法と直並列制御法とがあるわ
抵抗制御法と直並列制御法…
抵抗制御法は電動機に直列に接続した抵抗器の抵抗を変えることで電動機の電圧を変化させて制御する方法よ
また直並列制御法は2台以上の電動機を直列接続から直並列接続や並列接続に切り換えて速度を変える方法なのよ
抵抗制御法
直並列制御法

《電圧制御法》

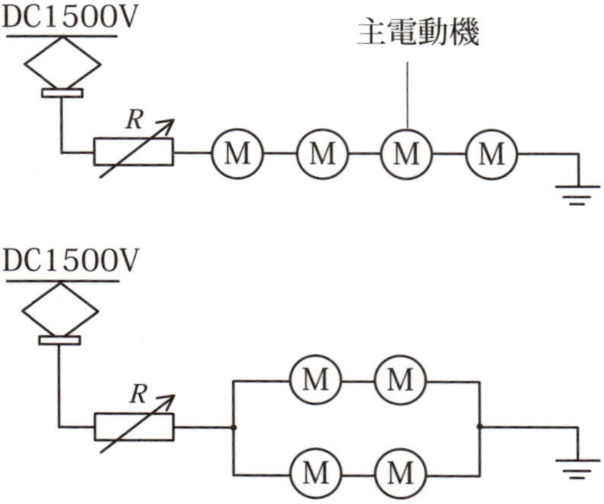
DC1500V
主電動機
R
M
M
M
M
DC1500V
R
M
M
M
M

（a）抵抗制御法および直並列制御法（直流）

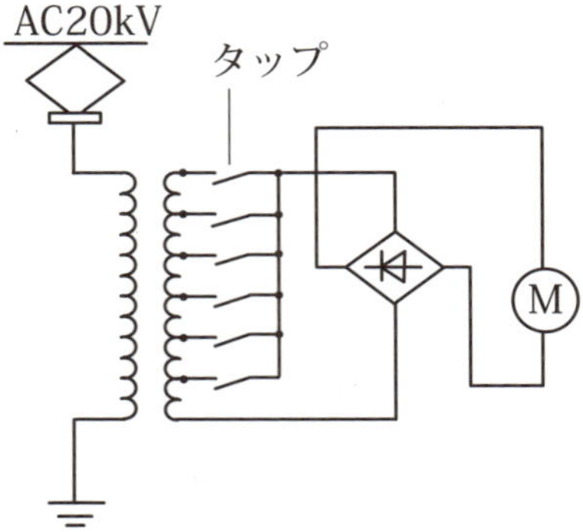
AC20kV
タップ
M

（b）タップ切り換え法（交流）

この方法は電圧を変化させることでスピード調整するわけでしょ
逆に　電圧を一定にしておいての制御法ってないんですか？
あるわよ
どんな方法ですか？
電圧が一定なら電動機の回転速度は界磁の強さに反比例するのよ
つまり界磁を操作することで電車のスピードを制御できるってわけ！

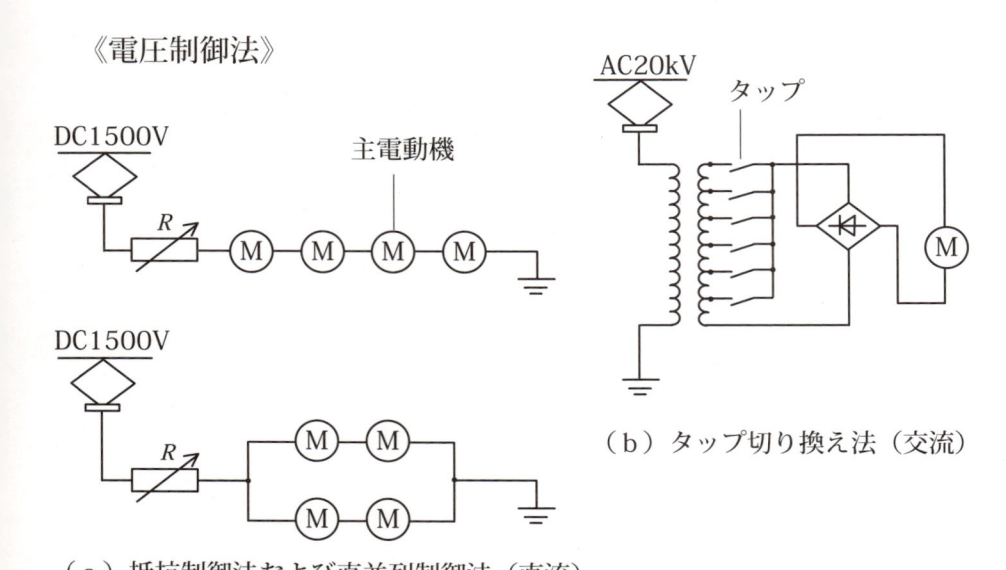

249
(3) 電車の速度制御

それが界磁制御法なのよ！
え〜と回転速度と界磁の強さは反比例するわけでしょ
ということは界磁の強さを弱くすれば電車のスピードはアップするわけだ…
あ！そーか！
コクリ
そうよ！

《界磁制御法》

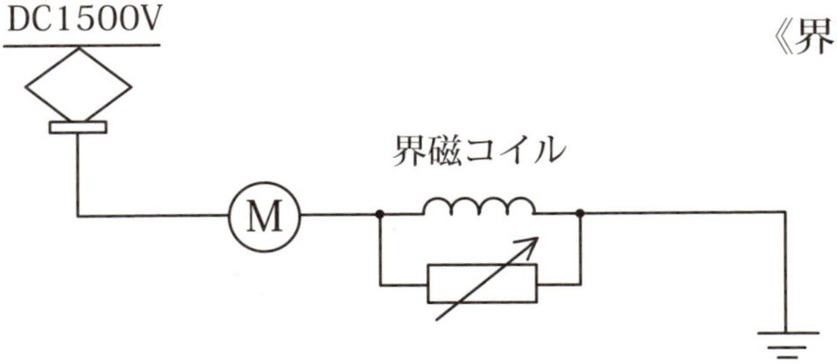
DC1500V
界磁コイル
M

（a）界磁分路法

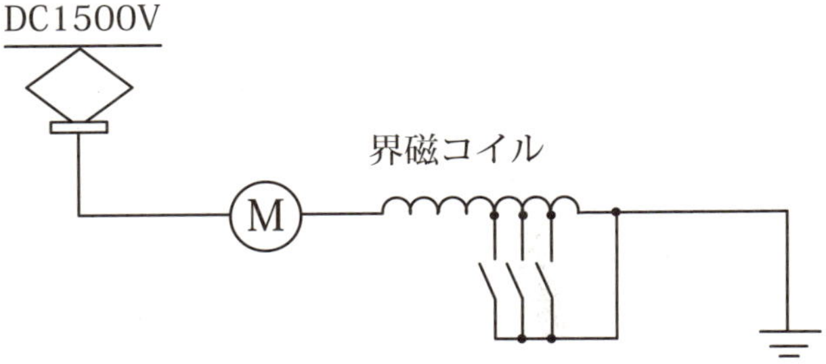
DC1500V
界磁コイル
M

（b）部分界磁法

サイリスタ制御法には
直流電車に
電機子チョッパ制御を
用いているのよ

電機子
チョッパ？
直流電動機の
制御を行うために
チョッパ回路を
モータの
電機子回路に
接続して
電圧を制御する
方法よ

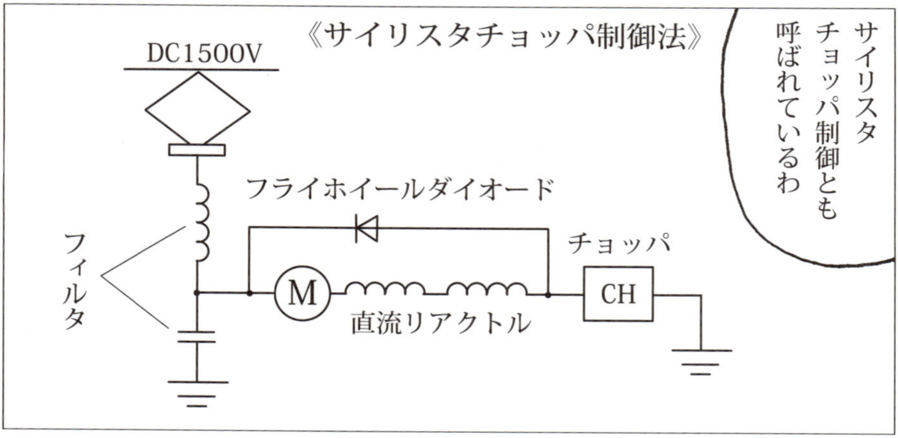
サイリスタ
チョッパ制御とも
呼ばれているわ
《サイリスタチョッパ制御法》
DC1500V
フライホイールダイオード
チョッパ
フィルタ
M
直流リアクトル
CH

じゃあ
交流電車
では？
交流の場合は
主変圧器の二次側に
接続した
サイリスタブリッジを
位相制御して
直流電圧に変えて
電車のスピードを
制御できるのよ

サイリスタは、電気を一方向にしか通さないので、1個では交流波の半分しか通せません。そのために、サイリスタを4個使って、どちらの方向にも流せるようにします。しかも、サイリスタは、モータへの給電を直流に変換することもできます。これをサイリスタブリッジといい、速度制御だけでなく、整流器の役割も果たします。

《サイリスタ位相制御法（交流）》

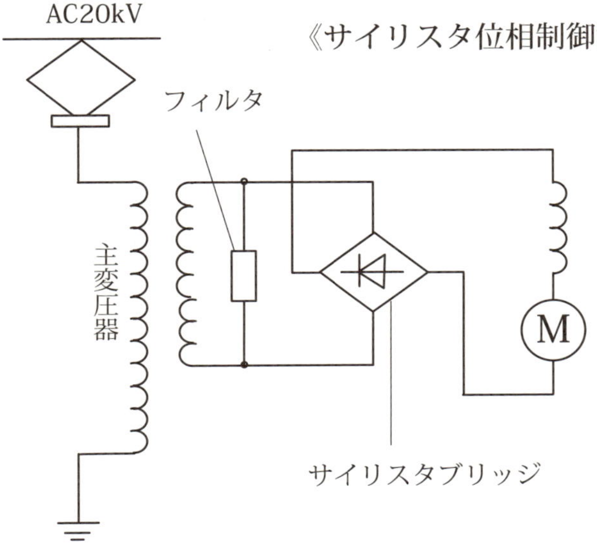
AC20kV
フィルタ
主変圧器
M
サイリスタブリッジ

サイリスタ制御法は交流を直流に変換する方法だけど…
逆に直流を交流に変換して交流電動機を制御する方法をインバータ制御法と呼んでいるのよ
インバータ制御法…？
この制御法にはVVVFインバータ装置を使うわよ
なんですかそれ？

ＶＶＶＦインバータ装置は半導体を使って交流を作る装置なのよ
で電車の駆動用に使うには大電力を高速で切り換えられる高性能の半導体スイッチが必要よ
へ〜半導体を使うんだ
そうよ！わりと新しい技術よね
このＶＶＶＦインバータ装置によって電圧と周波数を変化させ…
定速度性の交流誘導電動機の回転数とトルクを制御することで速度制御ができるのよ

ふ〜ん
なるほど！

《インバータ制御法》

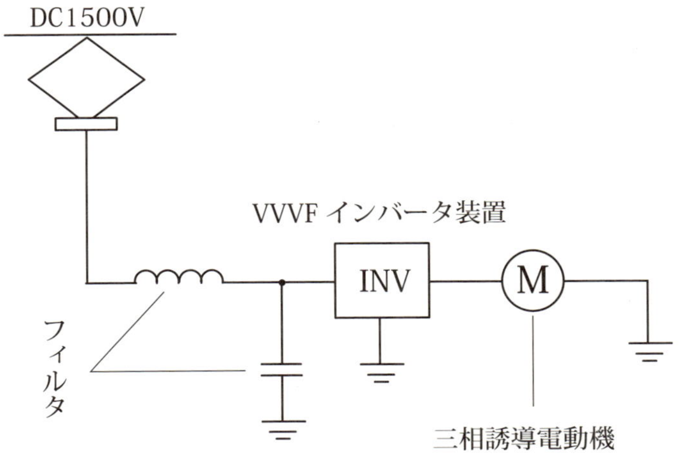
DC1500V
VVVF インバータ装置
INV
M
フィルタ
三相誘導電動機

🅿 チェックポイント

・電圧制御法は供給する電圧を操作して電車を制御する方法です。
・界磁を操作することで電車のスピードを制御するのが界磁制御法です。
・サイリスタ制御法では、直流電車に電機子チョッパ制御を用いています。
・直流を交流に変換して交流電動機を制御する方法がインバータ制御法です。
・VVVF インバータ装置は半導体を使って交流を作る装置です。

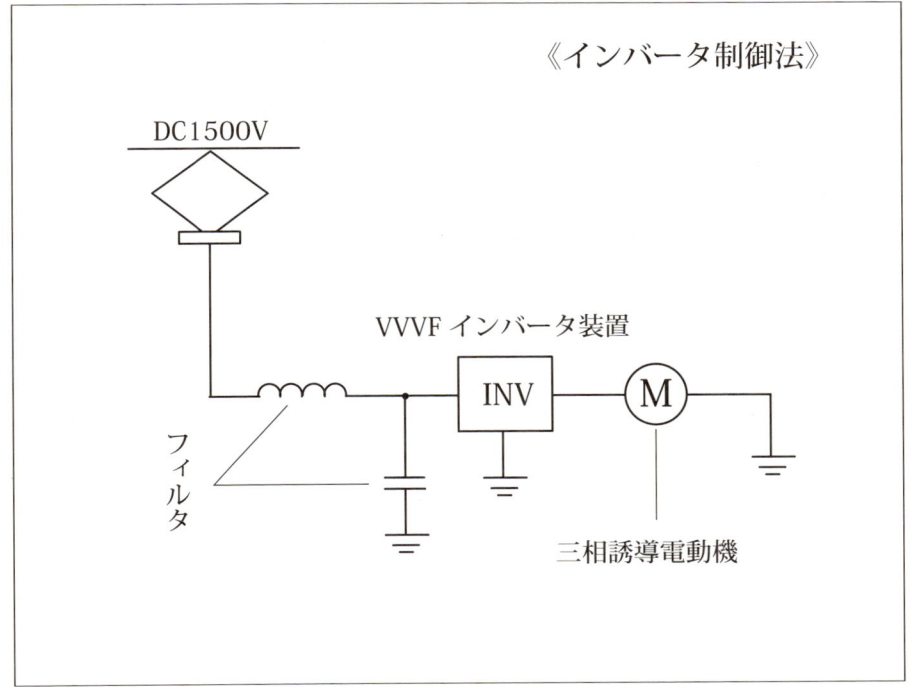

(4) ブレーキ
…今日で夏休みも終わりね
そしてわたしの講義も今日が最後よ！
早かったなぁ あっという間だった
明日から二学期か…
おまえらはいいよな
舞子先生に2ケ月間教えてもらったんだからな
これもおれと真矢の追試あればこそだな
アホか！
ははは

255

(4) ブレーキ

じゃあ始めるわよ！
お願いします！
安全のためのブレーキ装置には人力ブレーキと機械ブレーキ電気ブレーキなどがあるわよ！
ただしそれぞれのブレーキを単独で利用するのではなくすべてのブレーキを併用して使っているのよ
安全第一ですからね！
でしょうね！
わかります！

人力ブレーキはわかるわよね？
はい！人間の手で操作するブレーキですね
足の操作もあるんじゃないか？
だよな
そっか！

そうよ！
そして広く使われているのが機械ブレーキね！

空気ブレーキには、直通ブレーキや自動空気ブレーキ、予備ブレーキ*などがあります。

＊バックアップ系として常用ブレーキとは指令・空気源流が別系統に設けられた直通空気ブレーキです。一般に、保安ブレーキとして車両に装備されます。

電車にはこうしたブレーキをすべて備えてあるんですか？
ええ
でも常時使用するのは電磁直通ブレーキよ
電磁直通ブレーキ…？

257
(4) ブレーキ

まずブレーキ弁を操作して電空制御器から電気信号を発信します
そして作用装置の電磁給排弁を動作させブレーキシリンダの空気圧を制御するのよ

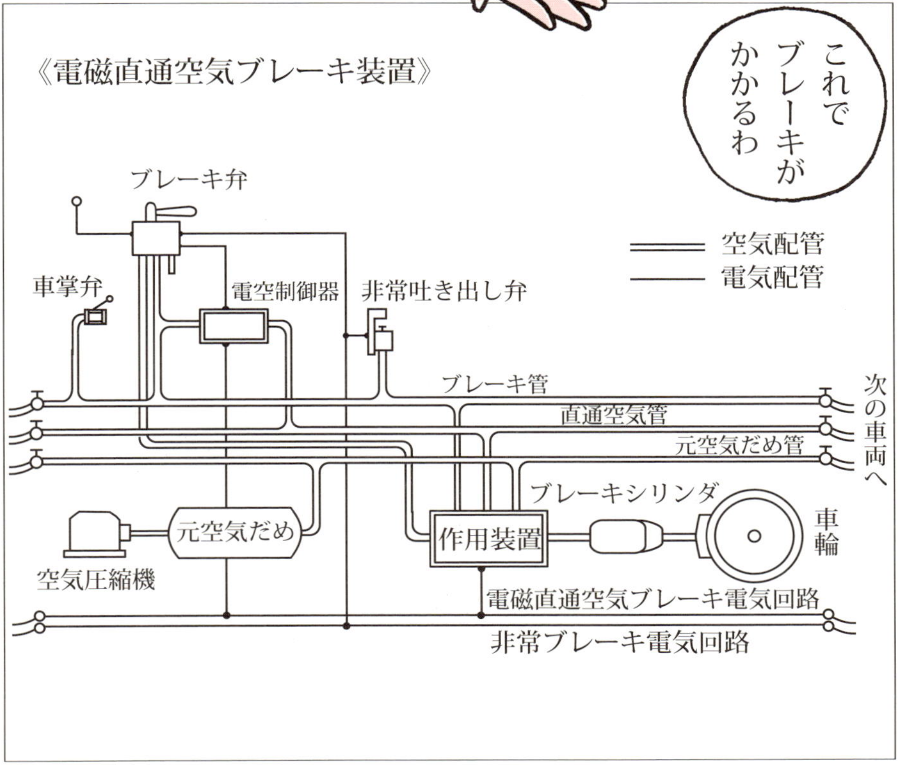
これでブレーキがかかるわ
《電磁直通空気ブレーキ装置》
ブレーキ弁
車掌弁
電空制御器
非常吐き出し弁
空気配管
電気配管
ブレーキ管
直通空気管
元空気だめ管
次の車両へ
ブレーキシリンダ
車輪
元空気だめ
作用装置
空気圧縮機
電磁直通空気ブレーキ電気回路
非常ブレーキ電気回路

舞子先生
電空制御器ってなんですか？
電空制御器はブレーキの空気圧と要求されるブレーキ圧を自動的に比較して指令を出すようになっているのよ
じゃあその指令が電気信号なんだ…
そういうこと！
…電気ブレーキには発電ブレーキと電力回生ブレーキがあるわ
主電動機を発電機として作動させその電力を抵抗によって熱エネルギーとして放散させてブレーキをかけるシステムが発電ブレーキよ

259
(4) ブレーキ

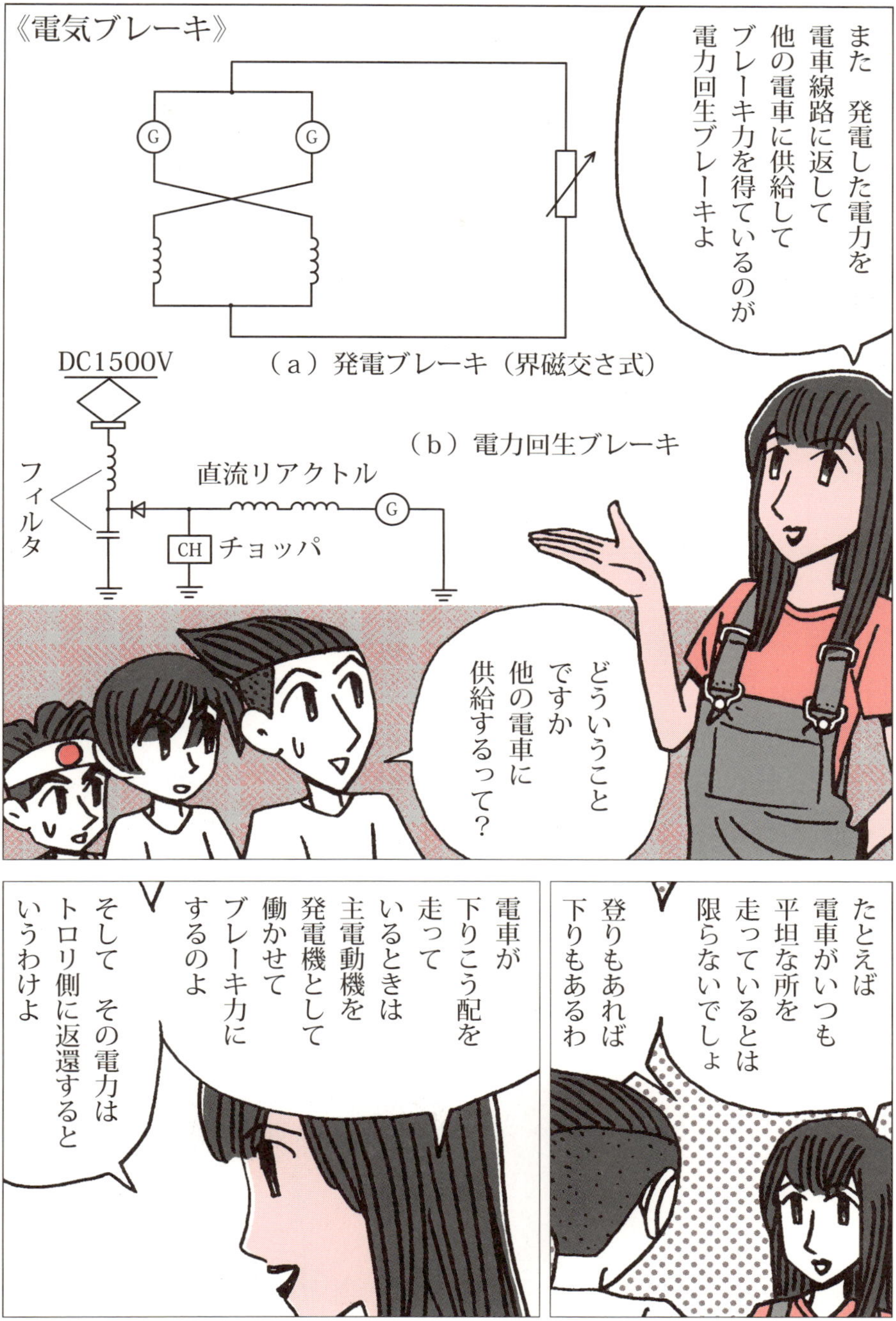

《電気ブレーキ》
また　発電した電力を電車線路に返して他の電車に供給してブレーキ力を得ているのが電力回生ブレーキよ
G
G
（a）発電ブレーキ（界磁交さ式）
DC1500V
（b）電力回生ブレーキ
直流リアクトル
フィルタ
G
CH
チョッパ
どういうことですか他の電車に供給するって？
たとえば電車がいつも平坦な所を走っているとは限らないでしょ
登りもあれば下りもあるわ
電車が下りこう配を走っているときは主電動機を発電機として働かせてブレーキ力にするのよ
そして　その電力はトロリ側に返還するというわけよ

電気ブレーキはスピードがのろいとほとんど効かないのよ
そそうなんだ…
電気ブレーキは高速運転のときにブレーキ力が大きいの
じゃあ低速で走行中にブレーキをかけるには電気ブレーキ以外のブレーキを使用するんですか？
そうよ
30km/h 以下になると自動的に空気ブレーキが作動するシステムになっているのよ…

P チェックポイント

・空気ブレーキには直通ブレーキや自動空気ブレーキ、予備ブレーキなどがあります。

・電気ブレーキには、発電ブレーキと電力回生ブレーキがあります。

261
(4) ブレーキ

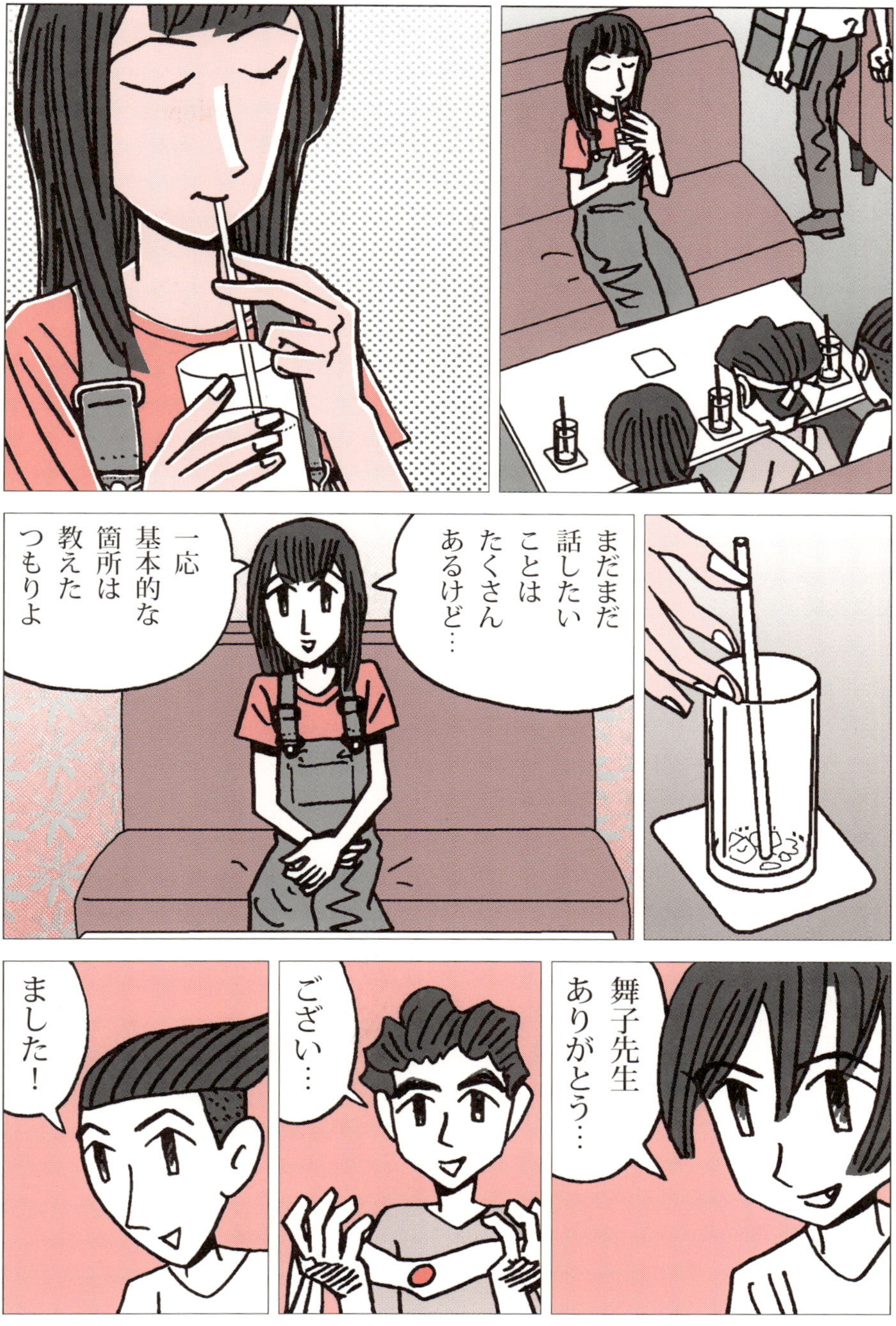
まだまだ話したいことはたくさんあるけど…
一応基本的な箇所は教えたつもりよ
舞子先生ありがとう…
ござい…
ました！

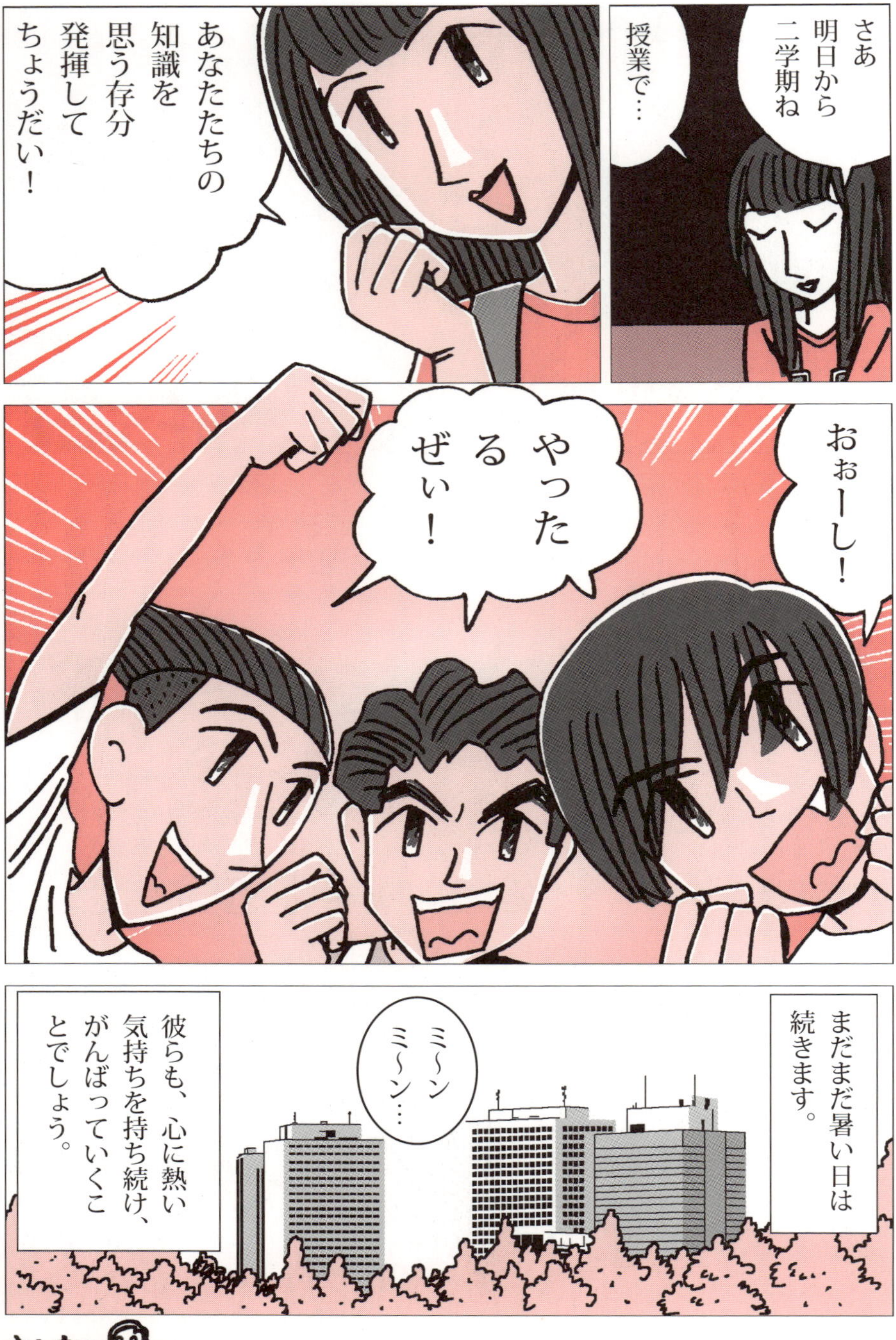
さあ明日から二学期ね
授業で…
あなたたちの知識を思う存分発揮してちょうだい！
おぉーし！
やったるぜぃ！
まだまだ暑い日は続きます。
ミ～ン ミ～ン…
彼らも、心に熱い気持ちを持ち続け、がんばっていくことでしょう。
おしまい

電気用図記号

①

名　称	図記号	名　称	図記号
抵抗器 （一般図記号）	 (旧)	コンデンサ	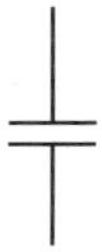
可変抵抗器	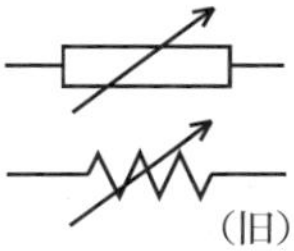 (旧)	可変コンデンサ	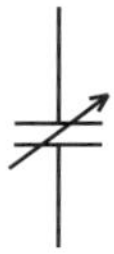
インダクタコイル 巻線 チョーク （リアクトル）	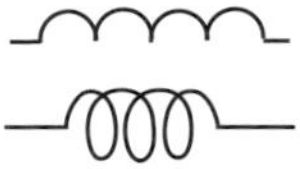 (旧)	磁心入インダクタ	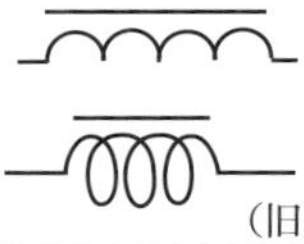 (旧)
半導体ダイオード	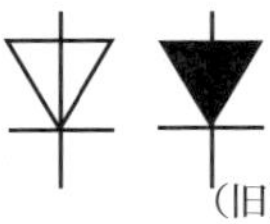 (旧)	PNP トランジスタ	
発光ダイオード	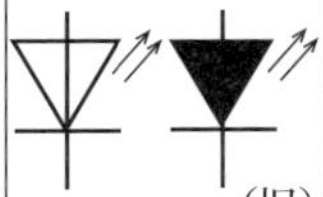 (旧)	NPN トランジスタ	
一方向性降伏 ダイオード 定電圧ダイオード ツェナーダイオード	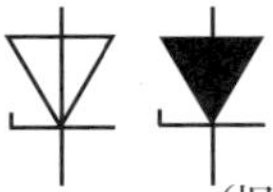 (旧)	直流直巻電動機	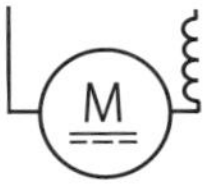
直流分巻電動機		直流複巻発電機	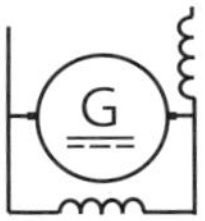
三相かご形誘導電動機		三相巻線形 誘導電動機	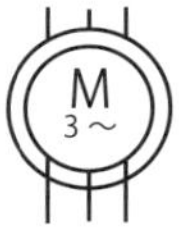

電気用図記号

②

名　　称	図記号	名　　称	図記号
二巻線変圧器	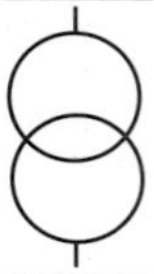	三巻線変圧器 様式1	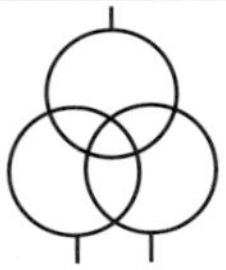
発電機（同軸機以外）		太陽光発電装置	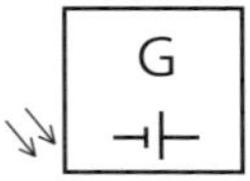
スイッチ メーク接点	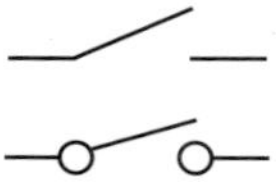 （旧）	ブレーク接点	
切換スイッチ	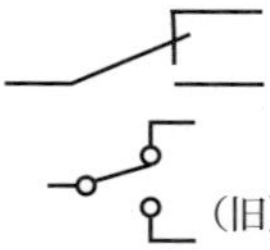 （旧）	ヒューズ	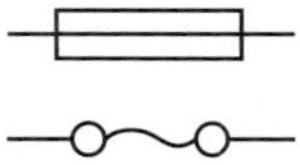 （旧）
電流計		電圧計	
周波数計		オシロスコープ	
検流計		記録電力計	
オシログラフ		電力量計	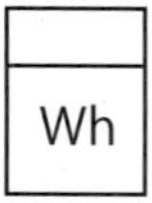

電気用図記号

③

名　　称	図記号	名　　称	図記号
ランプ		ベル	
ブザー		スピーカ	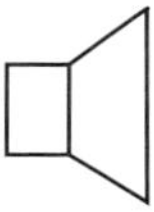
アンテナ		光ファイバまたは 光ファイバケーブル	
オペアンプ	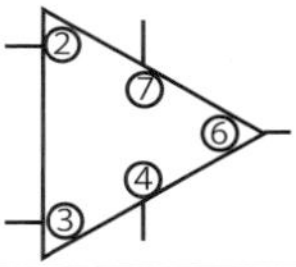	ルームエアコン	
換気扇		蛍光灯	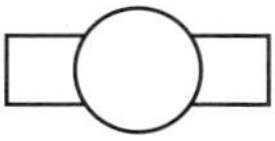
白熱電球		リレー	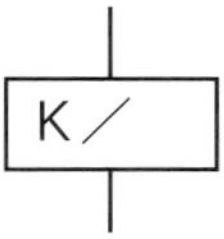
ヒータ	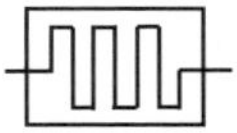	三巻線変圧器 様式2	
理想電圧源	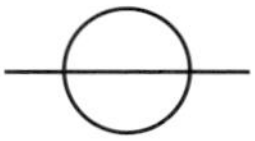	分電盤	

電気用図記号

④

名　　称	図記号	名　　称	図記号
配電盤		ジャック	 J
コネクタ	 C	増幅器	 AMP
中央処理装置	 CPU	テレビ用アンテナ	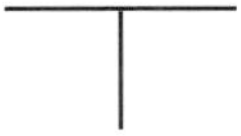
パラボラアンテナ	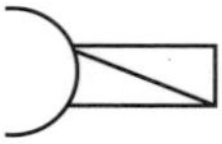	警報ベル	 B
受信機	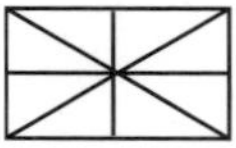	表示灯	
モニタ	 TVM	警報制御盤	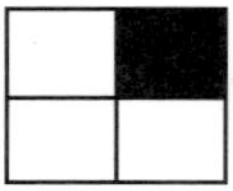
電柱		起動ボタン	 E
煙感知器	 S	熱感知器	

高橋《たかはし》達《たつ》央《お》プロフィール

1952年秋田県生まれ．マンガ家．

秋田大学鉱山学部（現工学資源学部）電気工学科卒．

主な著書は，「マンガ　ゆかいな数学（全2巻）」（東京図書），「マンガ　秋山仁の数学トレーニング（全2巻）」（東京図書），「マンガ統計手法入門」（CMC出版），「マンガ　マンション購入の基礎」（民事法研究会），「マンガ　マンション生活の基礎（管理編）」（民事法研究会），「まんが　千葉県の歴史（全5巻）」（日本標準），「まんがでわかる　ハードディスク増設と交換」（ディー・アート），「[脳力]の法則」（KKロングセラーズ），「欠陥住宅を見分ける法」（三一書房），「悪徳不動産業者撃退マニュアル」（泰光堂），「脳　リフレッシュ100のコツ」（リフレ出版），「マンガde電気回路」（電気書院），「マンガde電磁気学」（電気書院），「マンガde主婦にもできる家電製品の修理」（電気書院），「マンガde太陽電池」（電気書院），他多数．著書100冊以上を数えます．

趣味は卓球

マンガde電力応用

2010年11月30日　第1版第1刷発行

著　者　高橋　達央
発行者　田中　久米四郎

発行所
株式会社　電気書院
www.denkishoin.co.jp
振替口座　00190-5-18837
〒101-0051
東京都千代田区神田神保町1-3　ミヤタビル2F
電話　(03)5259-9160
FAX　(03)5259-9162

ISBN 978-4-485-60014-6　C3354　㈱シナノ パブリッシング プレス
Printed in Japan

• 万一，落丁・乱丁の際は，送料当社負担にてお取り替えいたします．弊社までお送りください．

• 本書の内容に関する質問は，書名を明記の上，編集部宛に書状またはFAX (03-5259-9162) にてお送りください．本書で紹介している内容についての質問のみお受けさせていただきます．電話での質問はお受けできませんので，あらかじめご了承ください．

マンガ de 電気回路

高橋達央 著

A5・256 頁
定価 2,100 円（税込）
ISBN978-4-485-60010-8

マンガ仕立てで電気回路の基礎の基礎から学べます．これから電気回路を勉強しようと思っている方を対象に，ストーリーマンガにより電気の流れから回路計算に必要な公式までを楽しみながら学習できるように書かれています．

■内容　第 1 章　電気回路とは／第 2 章　直流と交流／第 3 章　身の回りの電気回路／第 4 章　電気の法則／第 5 章　便利な定理／電気用図記号

マンガ de 電磁気学

高橋達央 著

A5・236 頁
定価 2,100 円（税込）
ISBN978-4-485-60011-5

磁気と電気に関わる様々な現象を扱った学問が電磁気学です．マンガ仕立てなので，楽しみながら読み進むうちにいつのまにか電磁気学の基礎が身に付くように書かれています．

■内容　第一章　電磁気とは／第二章　磁気の性質／第三章　電流の磁気作用／第四章　電磁力／第五章　電磁誘導／第六章　静電界の基本的な性質／電気用図記号

マンガ de 太陽電池

高橋達央 著

A5・275 頁
定価 2,310 円（税込）
ISBN978-4-485-60012-2

化石燃料に代わるクリーンな自然エネルギーとして，また，資源枯渇の心配ないエネルギー源として急速に普及している太陽電池．本書は，難しい理論を極力省き，太陽光発電の根本的な原理と考え方を紹介しています．

■内容　第一章　太陽電池とは／第二章　太陽電池の原理／第三章　太陽電池の種類／第四章　身の回りの太陽電池／電気用図記号

マンガ de 主婦にもできる家電製品の修理

わたし，町の電気屋さん開業しちゃいます！

高橋達央 著

A5・267 頁
定価 2,310 円（税込）
ISBN978-4-485-60013-9

故障するとすぐに買い換えられることの多い家電製品．このなかには，ちょっとした修理のコツを知っていると簡単に直せるものもあります．本書は，電気の知識のない家庭の主婦が，電気工事店開業を目指す過程を通じ，簡単にできる修理のポイントを解説しています．

■内容　電気屋さんは誰でもなれる／どんな資格を持っているの／これだけは欲しい便利な資格／どんな仕事をするの／どんなことができるの／こんな修理はお手のもの／いろいろな修理を見てみよう／こんな修理もある／家電の修理に必要な道具